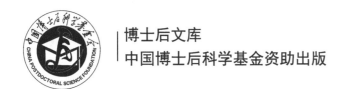

博士后文库

中国博士后科学基金资助出版

泉州湾环境质量
与海洋生物多样性

宋希坤　主编

U0230928

科学出版社

北　京

内 容 简 介

泉州湾位于福建省东南沿海，具河口、滩涂、垦区、红树林、米草、海岛等生境和生态系统，海洋生物多样性较高。本研究于 2008~2009 年在泉州湾开展了四季度大面调查，在泉州湾鉴定海洋生物 770 种，在国内较早开展海洋环境中邻苯二甲酸酯等特征有机污染物分析，并溯源至泉州湾周边晋江、石狮等地的造鞋、制革等产业集群，形成了邻苯二甲酸酯类分析测定方法国家行业标准，已在长江口、珠江口等海域应用。本书同时涵盖本研究所有电子版原始数据，包括 2 万多组定点调查数据和 20 多万组浮标连续观测数据，将为泉州湾海洋生物多样性保护与管理提供基础资料和决策依据。

本书可供从事海洋生物学、海洋生物多样性、海岸带综合管理的教学、科研与管理人员使用。

图书在版编目（CIP）数据

泉州湾环境质量与海洋生物多样性 / 宋希坤主编. —北京：科学出版社，2023.11
（博士后文库）
ISBN 978-7-03-074892-8

Ⅰ. ①泉⋯ Ⅱ. ①宋⋯ Ⅲ. ①生态环境–环境质量–研究–泉州 ②海洋生物–生物多样性–研究–泉州 Ⅳ. ①X821.573 ②Q178.53

中国国家版本馆 CIP 数据核字(2023)第 031075 号

责任编辑：张会格　白　雪 / 责任校对：严　娜
责任印制：赵　博 / 封面设计：刘新新

科 学 出 版 社 出版
北京东黄城根北街 16 号
邮政编码：100717
http://www.sciencep.com

北京厚诚则铭印刷科技有限公司印刷
科学出版社发行　各地新华书店经销
*
2023 年 11 月第 一 版　开本：720×1000　1/16
2023 年 11 月第一次印刷　印张：15 1/4
字数：302 000
定价：198.00 元
（如有印装质量问题，我社负责调换）

"博士后文库"编委会

主　任　李静海

副主任　侯建国　李培林　夏文峰

秘书长　邱春雷

编　委（按姓氏笔划排序）

《泉州湾环境质量与海洋生物多样性》
编委会

"博士后文库"序言

1985 年，在李政道先生的倡议和邓小平同志的亲自关怀下，我国建立了博士后制度，同时设立了博士后科学基金。30 多年来，在党和国家的高度重视下，在社会各方面的关心和支持下，博士后制度为我国培养了一大批青年高层次创新人才。在这一过程中，博士后科学基金发挥了不可替代的独特作用。

博士后科学基金是中国特色博士后制度的重要组成部分，专门用于资助博士后研究人员开展创新探索。博士后科学基金的资助，对正处于独立科研生涯起步阶段的博士后研究人员来说，适逢其时，有利于培养他们独立的科研人格、在选题方面的竞争意识以及负责的精神，是他们独立从事科研工作的"第一桶金"。尽管博士后科学基金资助金额不大，但对博士后青年创新人才的培养和激励作用不可估量。四两拨千斤，博士后科学基金有效地推动了博士后研究人员迅速成长为高水平的研究人才，"小基金发挥了大作用"。

在博士后科学基金的资助下，博士后研究人员的优秀学术成果不断涌现。2013 年，为提高博士后科学基金的资助效益，中国博士后科学基金会联合科学出版社开展了博士后优秀学术专著出版资助工作，通过专家评审遴选出优秀的博士后学术著作，收入"博士后文库"，由博士后科学基金资助、科学出版社出版。我们希望，借此打造专属于博士后学术创新的旗舰图书品牌，激励博士后研究人员潜心科研，扎实治学，提升博士后优秀学术成果的社会影响力。

2015 年，国务院办公厅印发了《关于改革完善博士后制度的意见》（国办发〔2015〕87 号），将"实施自然科学、人文社会科学优秀博士后论著出版支持计划"作为"十三五"期间博士后工作的重要内容和提升博士后研究人员培养质量的重要手段，这更加凸显了出版资助工作的意义。我相信，我们提供的这个出版资助平台将对博士后研究人员激发创新智慧、凝聚创新力量发挥独特的作用,促使博士后研究人员的创新成果更好地服务于创新驱动发展战略和创新型国家的建设。

祝愿广大博士后研究人员在博士后科学基金的资助下早日成长为栋梁之才,为实现中华民族伟大复兴的中国梦做出更大的贡献。

中国博士后科学基金会理事

前　言

　　生物多样性是人类生存和发展的基础，它与全球变化、可持续发展被列为当代生态学和环境科学的三大前沿领域。中国是海洋生物多样性丰富的国家，海洋生物物种数占世界总数的十分之一。但近 20 年来中国沿海经济的快速发展和人口的大量增加，对沿海地区的海洋生态系统造成了严重威胁，导致生物多样性丧失，并引发了一系列环境问题。

　　泉州湾位于福建省东南沿海，湾内具河口、滩涂、垦区、红树林、米草、海岛等多样的生境和生态系统，海洋生物多样性较高。本书基于我国首批国家海洋公益性行业科研专项"基于海岸带综合管理的海洋生物多样性保护研究与示范"（200705029），于 2008～2009 年在泉州湾开展四个季度的大面调查，覆盖泉州湾周边入海江河及陆源排污口、浅海、潮间带滩涂，调查内容包括水质、沉积物、生物体、浮游生物、大型底栖生物、潮间带生物、游泳动物等。并在泉州湾湾内和湾外分别布设生态浮标，从 2008 年开始开展近两年的连续观测，获得 2 万多组定点调查数据和 20 多万组浮标连续观测数据。本书所有电子版原始数据可通过扫描封底二维码获取。

　　本书包含在泉州湾鉴定的海洋生物共 770 种（不含各生态类群间的共有种），其中浮游植物 197 种、浮游动物 166 种、鱼卵和仔稚鱼 21 种、游泳动物 83 种、浅海大型底栖生物 152 种及潮间带大型底栖生物 225 种。本研究初步摸清了泉州湾物种多样性现状及存在的主要环境问题，包括：①无机氮、活性磷酸盐等营养盐严重超标；②表层水体石油类超标；③表层沉积物中硫化物、石油类、铅、镉等环境要素随时间推移而逐步升高；④邻苯二甲酸酯、芳香胺为泉州湾及周边的特征有机污染物，具有明显的陆源点源排放特征；

⑤生物体质量部分要素为劣三类海洋生物质量标准；⑥泉州湾南岸滩涂大型底栖生物群落环境压力大；⑦上游江河建闸，影响经济鱼类的洄游、栖息和繁殖，鱼类多样性及营养级下降等。

本书第1章介绍泉州湾概况，第2章至第4章分别介绍泉州湾环境质量、特征性有机污染物调查、生态浮标定点连续综合观测，第5章总结泉州湾环境质量存在的主要问题及建议，第6章、第7章分别介绍泉州湾海洋生物多样性现状及其保护存在的问题与建议。本书为泉州湾较为系统的海洋环境与生物多样性研究专著，其中的生态浮标连续周年观测在当时较为新颖。本研究在国内较早开展海洋环境中邻苯二甲酸酯、芳香胺等特征有机污染物研究，所形成的分析方法《海洋环境中邻苯二甲酸酯类的测定 气相色谱-质谱法》已上升为国家海洋行业标准（HY/T 179—2015），并在长江口、珠江口等海域应用；本书同时涵盖本研究所有原始数据，未来可用于年际和年代比较分析，同时显示原始数据在同类专著中罕见。

本研究得到自然资源部第三海洋研究所陈彬、江锦祥、黄浩、李荣冠、许章程、戴艳玉、林俊辉，自然资源部第一海洋研究所石洪华，泉州市海洋与渔业局曾森，厦门海洋环境监测中心陈宇东及厦门道迪科技有限公司林元等专家的帮助，本书的早期版本经主编的导师刘瑞玉院士批阅，特表谢忱。本书电子版原始数据经海南热带海洋学院王紫竺统一修改格式。限于编者水平，疏漏之处在所难免，恳请各位读者指正。联系邮箱为 xksong@xmu.edu.cn 或 xksong@idsse.ac.cn。

本书的海洋调查由海洋公益性行业科研专项"基于海岸带综合管理的海洋生物多样性保护研究与示范"子课题"泉州湾生态环境综合调查"资助，承担单位为福建省海洋环境与渔业资源监测中心（现福建省渔业资源监测中心），负责人为杨琳，执行负责人为宋希坤，在2010年形成调查报告初稿。近五年，宋希坤和崔琪对此报告进行了重新编撰，得到了国家自然科学基金（42276090、

41876180)、中国博士后科学基金（2018M632579、2018T110647）、近海海洋环境科学国家重点实验室（厦门大学）杰出博士后基金、厦门大学海洋与地球学院海洋教材建设基金和中国科学院深海科学与工程研究所自主部署项目（E371020101）的资助。本书获评2019年度中国博士后科学基金会优秀学术专著并资助出版。

主　编
2022年10月29日

目　　录

1 泉州湾概况

1.1 泉州湾自然地理概况

泉州湾位于福建省东南沿海，湾口朝东展开，其余三面被陆地包围，湾口与台湾海峡相通，周边有晋江、洛阳江等河流注入（陈彬等，2012）。泉州湾陆地地貌属冲积平原、海积平原、风成沙地等，海岸地貌包括海蚀地貌和海积地貌，海底地貌包括水下浅滩、深槽（李荣冠等，2014）。泉州湾地处东亚季风气候区域内，具有南亚热带季风型海洋气候的特征，多年平均气温为20.4℃，7月最高，1月和2月最低，多年平均降水量为1095.4mm，年均相对湿度为78%，全年降水主要集中在夏季（6～8月），降水量占全年的44%，春季（3～5月）居次，秋季和冬季降水量最少（李荣冠等，2014）。湾内水深6m以浅，滩涂面积广，多岛屿，海岸具基岩、砂质和河口平原等多种类型，特殊的地理区位和构成形成了丰富的海洋生物栖息生境，生物多样性高（陈彬等，2012），主要生境具体如下。

（1）河口：晋江和洛阳江是泉州湾的两条主要径流。晋江是福建省含沙量最大的河流，泉州湾在演变过程中，长期受河流携带物填充，在晋江入海口形成河口平原海岸。晋江水系是福建省的第三大水系，也是泉州市境内最大的水系，晋江水系的径流变化大，按径流量的大小将全年分为3个水期，即2～4月为平水期、6～8月为丰水期、10～12月为枯水期。洛阳江因上游建闸，目前全年几乎无河水入海。

（2）湿地：泉州湾的面积为136.4km^2，低潮线以下至6m水深，即湿地（包括滩涂和水深6m以浅水域），面积共131.0km^2，占泉州湾总面积的96%，湾内表层沉积物包括细沙、中细沙、砂、中砂、中粗砂、粗砂、砂-粉砂-黏土、黏土质粉砂和粉砂质黏土等9种类型（黄宗国，2004；刘碧云，2004；蔡娜娜，2009）。

（3）海岛：湾口有大坠岛、小坠岛、马头岛、公牛屿、大山屿、西屿等多个岛屿。

（4）红树林：泉州湾内红树植物面积17万m^2，在洛阳、屿头、凤屿至浔美等区域成林，是桐花树、白骨壤两种红树植物在我国自然分布的北限，其他红树植物还包括秋茄（纪剑锋，2010）。

1.2 泉州湾主要环境质量调查概况

20世纪80年代中期，泉州湾水体中总无机氮含量符合国家一类海水水质标准，90年代末以前，无机磷含量符合国家一类海水水质标准，但自90年代后，湾内局部海域总无机氮和无机磷含量呈持续增加趋势，湾内富营养化呈明显上升趋势（袁建军和谢嘉华，2002）。2007 年，福建省海洋与渔业厅在全省 13 个主要海湾实行高频率的水环境监测，监测结果表明，近 70%的海湾处于富营养化状态，53.8%的海湾为严重富营养化，其中泉州湾是富营养化最严重的海湾，其无机氮含量 100%超过四类海水水质标准，活性磷酸盐含量超标严重。蔡清海等（2007）也发现泉州湾局部海域化学需氧量、底质硫化物超标，大多数海域活性磷酸盐、无机氮严重超标，近 70%的海湾处于富营养化状态。

福建省水产研究所在 1981 年和 1995 年分别对泉州湾海水中铜、铅、镉、锌等 4 种重金属进行了的 4 个季节测定，发现泉州湾海水中铜和镉均符合一类海水水质标准，而铅和锌在有些季节达到二类或三类海水水质标准，整体上在 1981 年时重金属含量较高，在 1995 年时有所降低，这可能与泉州市各县在 20 世纪 80 年代初期存在较多生产五金零配件和经营电镀的乡镇企业，而到了 90 年代大部分转向服装业和鞋业，从而导致重金属排出量相对减少有关（阮金山，1988，1996）。2005 年 10 月，厦门大学在泉州湾采集沉积物及寄居蟹、芦苇等样品，研究了铜、铅、镉、锌等 4 种重金属的含量，发现表层沉积物中除镉、铜分别在西滨和东海部分站点超标外，其他均符合国家《海洋沉积物质量》中的一类标准限值，芦苇中的重金属含量普遍较低，而寄居蟹体内 4 种重金属的含量相对较高（林晨，2008）。

与上述常规海洋监测项目相比，海洋环境中的持久性有机污染物一直潜于水下，未被引起足够的重视。在本书的外业调查工作之前，中国地质大学对泉州湾沉积物中的有机氯农药进行了研究，发现有机氯农药污染（王伟等，2006a，2006b；龚香宜等，2007），部分持久性有机污染物研究晚于本书的外业调查，其中多环芳烃数据基于本书组织的同批调查航次（庄婉娥等，2011），详见表 1-1。针对泉州湾周边晋江、石狮等地近年来迅猛发展的制革、印染、纺织等制造业，本研究在泉州湾及周边环境中首次开展系统的有机污染物本底调查，包括邻苯二甲酸酯类（PAEs）、芳香胺类、农药等项目。

表 1-1　泉州湾有机污染物相关调查

调查时间	调查内容
2004	沉积物中滴滴涕（王伟等，2006a）
2004	沉积物中有机氯农药（王伟等，2006b）
2004	沉积物中有机氯农药和滴滴涕（龚香宜等，2007）
2005	沉积物中有机氯农药（Yatawara et al.，2010）
2009	沉积物中多环芳烃（庄婉娥等，2011）
2011	土壤、水体、沉积物中多环芳烃（Yang et al.，2013）
2012~2013	沉积物中多溴二苯醚（刘豫，2018）

1.3 泉州湾海洋生物多样性调查概况

泉州湾物种多样性丰富，大多数属于亚热带沿岸广盐种，也有河口低盐种和淡水种，在湾口还有大量的近岸种。自 1960 年以来，自然资源部第三海洋研究所（原国家海洋局第三海洋研究所）、厦门大学等科研院所在泉州湾进行了多次调查，已记录 1000 多种滨海湿地水生生物和 213 种鸟类，其中水鸟 90 种，另有中华白海豚和中华鲟等国家一级保护野生动物（陈彬等，2012）。在海洋生物多样性与生态系统服务功能方面，泉州湾在渔业资源、湿地调控资源、文化旅游资源、教育及启发等方面具有重要意义。

1.4 泉州湾自然保护区和海洋民俗文化保护区

近年来，生态学界已经达成共识，保护生境就是保护生物多样性，而最有效的生境保护措施是建立自然保护区。1997～1998 年，泉州市林业局统一部署，分别在泉州湾周边惠安县、洛江区、丰泽区、晋江市和石狮市各自的沿海湿地建立保护小区。2001 年 4 月，泉州市沿海湿地资源保护和建设管理领导小组组织"建立泉州湾河口湿地自然保护区"的科学考察。2002 年泉州市将泉州湾河口湿地自然保护区建设列入创建国家环境保护模范城市的六大工程之一，2003 年 9 月泉州湾河口湿地自然保护区获福建省人民政府批复，包括洛阳江红树林核心区、桃花山海滨水禽核心区、蟳埔枪城河口景观核心区。2009 年 1 月泉州市人民政府批复同意调整泉州湾河口湿地省级自然保护区范围及功能区。保护区建立后，泉州市人民政府高度重视，市林业局认真组织，市国土资源局、市海洋与渔业局等部门及丰泽、洛江、晋江、惠安、石狮等县（市、区）林业主管部门大力配合，积极开展保护区保护、宣传与相关的科研工作。图 1-1 为洛阳江红树林保护区现场。

在保护区建立的前 5 年，保护区内外未设置标示，影响了正常的保护与管理工作。2008 年 12 月，泉州市人民政府牵头开展泉州湾河口湿地勘界立标工作，在惠安洛阳、石狮蚶江、晋江陈埭、丰泽蟳埔、丰泽后渚、洛江万安设置区碑，在洛阳江红树林核心区、桃花山海滨水禽核心区和蟳埔枪城河口景观核心区设立限制性标牌，在惠安秀涂、石狮蚶江、晋江陈埭、丰泽蟳埔、丰泽后渚、洛江万安设置宣传性标牌。

2009 年 11 月 18 日，泉州市人民政府正式出台《泉州湾河口湿地省级自然保护区管理规定》（泉政文〔2009〕233 号），内容包括保护区的性质、范围及分区、规划、经费来源、管理机构、管理原则、救护机制、审核审批、禁止行为、相应处罚等。该管理规定的出台，标志着泉州湾河口湿地省级自然保护区的管理工作

图 1-1 洛阳江红树林保护区现场（彩图请扫封底二维码）

进一步迈向正轨。保护区管理处每年针对泉州湾河口湿地保护区开展相关专题的保护宣传活动，在活动期间保护区管理处与保护区周边县（市、区）相关部门、乡镇街道、村庄社区联合行动，发放宣传单、张挂横幅标语、设置简易宣传牌、广泛宣传自然保护相关法律法规和科普知识。

2011 年，福建省人民政府印发《福建省海洋环境保护规划（2011 年~2020 年）》（闽政〔2011〕51 号），进一步推进海洋环境保护工作。规划中指出了泉州湾河口湿地省级自然保护区未来的建设与管理重点任务：协调自然保护区与港口、城市发展的关系，对保护区功能区进行优化。控制保护区周边的陆源污染，采取有效措施恢复和改善保护区的环境质量。2013 年，泉州市人民政府印发《泉州生态市建设工作实施方案》（泉政文〔2013〕122 号）。该方案要求进一步开展湿地资源调查，编制湿地保护规划，科学保护湿地资源，加强泉州湾河口湿地省级自然保护区的保护与建设。

2017~2019 年，泉州市先后开展"绿盾 2017""绿盾 2018""绿盾 2019"专项行动，全面排查泉州市包括泉州湾河口湿地省级自然保护区在内的 5 个自然保护区存在的突出生态环境问题，开展遥感监测新发现问题线索的实地核查，聚焦采石采砂、工矿用地、核心区旅游设施和水电设施等四类焦点问题整改，坚决制止和惩处破坏自然保护区生态环境的违法违规行为。

泉州是海上丝绸之路的起点，海丝文化、湿地景观、人文景观、自然风光交相辉映，具有独特的文化底蕴且文化多元。泉州是国务院公布的全国首批历史文化名城之一，泉州的古文化与海洋文化息息相关，其中崇武古城是国内现存最完整的花岗岩滨海石城，洛阳桥是国内现存最早的海港大石桥，泉州港（旧称刺桐港）是中国古代重要的贸易港埠。

洛阳桥为全国重点文物保护单位、泉州市著名旅游景点，如图 1-2 所示。洛阳桥建造于北宋年间，当时洛阳江水急，为了巩固桥基，在桥下养殖了大量牡蛎，利用牡蛎壳附着力强、繁殖速度快的特点，把桥基和桥墩胶结成整体，把海洋生物学运用于桥梁工程，被称为"种蛎固基"造桥术。

图 1-2　洛阳桥（彩图请扫封底二维码）

福建沿海有三大渔女，惠安女、蟳埔女和湄州女，她们以穿着漂亮而又独特的服饰和头饰闻名，这些服饰的设计适于海边捕鱼作业，同时吸收当地祭祀等丰富的民俗风情，形成了独特的民俗文化。惠安女服饰、蟳埔女习俗已经分别于 2006 年和 2008 年列为国家级非物质文化遗产。地处泉州湾晋江入海口处的蟳埔村是蟳埔女民俗文化的核心区，惠安沿海崇武镇是惠安女的主要起源和分布区域。泉州湾丰富的海洋渔业资源对惠安女、蟳埔女民俗文化的形成具推进作用，如今惠安女、蟳埔女在福建沿海早已成为勤劳、淳朴的代名词，她们身着民俗特色服饰开展渔业捕捞和加工作业的身影，在泉州湾沿海形成了独特的民俗景观。在蟳埔渔村多见的"蚵壳厝"是使用牡蛎壳堆叠搭建的民居，冬暖夏凉，在中国沿海少见，极具特色。尽管蟳埔渔村的砖瓦楼房越建越多，但许多蟳埔女仍习惯住在"蚵壳厝"中，保持当地的民俗文化。

1.5　泉州湾海洋生物多样性保护和管理概况

在本研究 2008 年外业调查之前，福建省委省政府和泉州市委市政府已高度重视泉州滨海资源和泉州湾海域生态保护工作，曾组织一系列的保护和管理举措，推动泉州湾海洋生物多样性保护工作。

2006 年初泉州市十三届人大常委会第七次会议通过了《关于加快近海水域环境污染治理的决议》。泉州市人民政府于当年 4 月颁布了《泉州湾南岸近海水域污染专项整治实施方案》，确定 96 个整治项目，重点控制陆上污染源，提升生活污水、垃圾处理能力，推进小流域、沟渠疏浚整治。在治污期间，泉州市不再新批漂染、电镀、造纸和制革等污染大的工业项目，全面取缔关停禁建区内的所有畜禽养殖场，并加快污水处理设施和垃圾处理设施的建设力度。2006~2009 年，泉州市投入 33 亿元治污资金，使泉州湾的近海水域污染治理取得显著进展。2009 年，年度计划实施的 67 个项目中，有 63 个项目完成或基本完成年度整治任务，项目完成率为 94%。2009 年，泉州近海水域水环境状况继续改善，全市近岸海域功能区水质达标率为 75%，同比 2008 年提高 4.2 个百分点，为 2006 年整治工作开展以来最好水平。

2012 年，泉州市人民政府印发《泉州市海洋环境保护规划（2011-2020）》（泉政文〔2012〕88 号），计划在 2011~2015 年，有效控制入海污染物排放总量，海域环境质量能够得到明显改善，到 2020 年，海洋环境质量持续改善，海洋生态环境进入良性循环。2012~2017 年，泉州市进一步加强水域污染治理，近岸海域符合一类或二类海水水质标准的面积比例由 2012 年的 63.4%提升到 2017 年的 94.3%，海洋沉积物质量稳步提高，海洋贝类质量总体良好，海洋生物群落结构较为稳定。

1.5.1 泉州湾海洋环境监测

自 2001 年，福建省海洋与渔业厅组织对岸海域的监测工作，最初仅承担国家海洋局下发的近岸海洋水质、沉积物趋势性监测。至 2011 年，福建省海洋环境监测工作发展迅速，监测区域已经发展到全省 13 个主要海湾（包括泉州湾），监测内容涉及海洋浮游生物、大型底栖生物等海洋生物多样性监测、赤潮监控区监测、港湾环境质量监测、陆源入海排污口监测、涉海工程监视监测等多方面内容，监测项目涉及海洋水文、生物、化学等系列参数，全面掌控近岸海洋生态环境状况。部分监测内容如海湾质量监控、涉海工程监控已经在东海区范围内推广。本书将本研究中的泉州湾调查航次与《2008 年福建省海洋环境监测工作方案》中的泉州湾海洋环境监测进行了整合，同时汇总了大量泉州湾历史调查数据。

1.5.2 泉州湾海洋环境整治与生态修复

2008 年开展的泉州湾调查航次前三年内海洋环境整治与生态修复工作如下。2005 年 6 月，省、市海洋部门在泉州湾秀涂海域进行大规模渔业放流增殖活动，放流人工繁育的双斑东方鲀种苗 60 万尾，2008 年放流日本对虾苗 2000 万尾、黑鲷鱼苗近 20 万尾，恢复和增加泉州湾部分水域渔业资源。2007 年，泉州市海洋部门开展泉州湾海洋环境生态修复工作，到 2008 年年底，累计种植红树林约 47 万 m^2，清除互花米草约 102 万 m^2。2007 年，泉州市海洋部门在石狮市祥芝中心渔港、深沪湾海底古森林保护区等海域开展海漂垃圾整治工作，2008 年拓展延伸海漂垃圾整治范围，涵盖晋江入海口、洛阳江入海口，晋江深沪、围头、石狮东店、惠安崇武、前内等 5 个渔港，以及石狮黄金海岸旅游度假区、泉港诚平近岸海域。同时，为了减少污染物入海，组织实施全市渔业港区废弃船舶清理，启动了大型渔船"两桶"（废油回收桶、垃圾收集桶）配置项目。为打击非法开采海砂、非法海洋倾废等严重破坏海洋栖息环境的行为，泉州市、县两级海监机构定期开展执法行动，仅 2007 年的"春晓行动"和"碧海 2008"就巡航 56 航次，出动执法人员 861 人次，登临检查采砂船、倾废船 216 艘次，立案 49 次，执行罚款 165.5 万元。

1.5.3 泉州湾海洋生态环境保护相关的研究与调查工作

自然资源部第三海洋研究所自 20 世纪 60 年代就开始在泉州湾开展多项海洋专项调查工作。2002 年，为申报泉州湾河口湿地国家级保护区，开展了较为系统的海洋生物考察。以上历史资料已汇编成专著《海洋河口湿地生物多样性》由海洋出版社出版（黄宗国，2004）。

2005～2006 年，在福建省海洋与渔业厅组织下开展了"泉州湾环境容量调查研究"和"泉州湾港湾数模与环境研究"项目，分别为泉州湾养殖规划和围填海规划提供了研究依据。2007 年 8 月，国家海洋公益性行业科研专项"基于海岸带综合管理的海洋生物多样性保护研究与示范"获批，泉州湾是重点研究的两个示范区之一，本书是此项目支撑下泉州湾海洋生物多样性保护急需解决的热点问题提炼。2008 年 8 月，另一海洋公益性行业科研专项"入海污染物总量控制和减排技术集成与示范"获批，并将泉州湾列为 6 个示范区之一，通过控制入海污染物的总量与分配，来保护海洋环境，对泉州湾海洋生物多样性研究与保护具推进作用。

2 泉州湾环境质量

2.1 泉州湾周边入海江河及陆源排污口水环境质量

本研究分别于 2008 年 9 月、2008 年 11 月及 2009 年 3 月在泉州湾及周边开展 3 个航次的江河及陆源入海污染源调查，调查项目包括总磷、总氮、石油类、化学需氧量（COD）、铜、锌、铅、汞、砷、镉，调查源包括晋江入海口（WM02、WM03）、九十九溪入海口（W04）、南高渠（Y01）、六原水闸（W05）、洛阳江闸（W08）、水头十一孔闸（W02）、五孔闸（W03）、金鸡闸（WM01）、乌屿西闸（W07）、彩虹沟（W06）等，具体站位设置参见附录 1-A。上述项目的分析方法依据《陆源入海排污口及邻近海域监测技术规程》（HY/T 076—2005），具体参见附录 1-B，采用《污水综合排放标准》（GB 8978—1996）进行评价。

2.1.1 化学需氧量

1. 季节变化

3 个航次化学需氧量变化范围为 7.02～235mg/L，均值为 51.6mg/L。化学需氧量 9 月变化范围为 19.6～154mg/L，均值为 57.8mg/L；11 月变化范围为 10.0～166mg/L，均值为 43.3mg/L；3 月变化范围为 7.02～235mg/L，均值为 53.7mg/L。

2. 平面分布

在化学需氧量平面分布方面，3 个航次整体上自金鸡闸（WM01）向水头十一孔闸（W02）呈逐渐增大的趋势。9 月高值出现在水头十一孔闸，低值区为九十九溪入海口（W04）、乌屿西闸（W07）；11 月高值出现在乌屿西闸（W07），低值区为金鸡闸（WM01）；3 月高值出现在彩虹沟（W06），低值区为六原水闸（W05）。详见图 2-1～图 2-4。

2.1.2 石油类

1. 季节变化

3 个航次石油类含量变化范围为 0.0130～5.02mg/L，均值为 1.06mg/L。石油类含量 9 月变化范围为 0.0401～2.15mg/L，均值为 1.01mg/L；11 月变化范围为 0.0130～1.88mg/L，均值为 0.754mg/L；3 月变化范围为 0.0388～5.02mg/L，均值为 1.42mg/L。

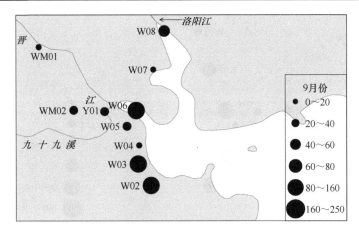

图 2-1 泉州湾 9 月化学需氧量分布（mg/L）

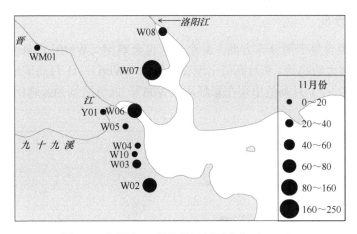

图 2-2 泉州湾 11 月化学需氧量分布（mg/L）

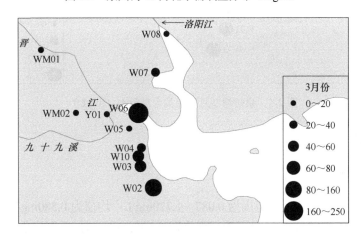

图 2-3 泉州湾 3 月化学需氧量分布（mg/L）

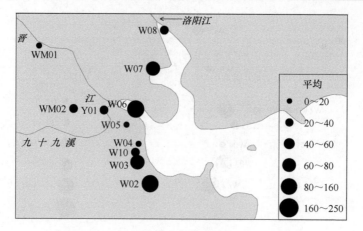

图 2-4　泉州湾平均化学需氧量分布（mg/L）

2. 平面分布

在石油类含量平面分布方面，3 个航次自金鸡闸（WM01）向水头十一孔闸（W02）呈增大的趋势。9 月高值出现在彩虹沟（W06）；11 月高值出现在水头十一孔闸（W02）；3 月高值出现在彩虹沟（W06），低值区均为金鸡闸（WM01）。详见图 2-5～图 2-8。

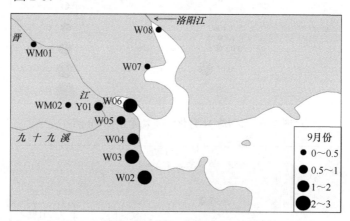

图 2-5　泉州湾 9 月石油类含量分布（mg/L）

2.1.3　总磷

1. 季节变化

3 个航次总磷含量变化范围为 0.087～1.720mg/L，均值为 0.580mg/L。总磷含量 9 月变化范围为 0.231～1.720mg/L，均值为 0.739mg/L；11 月变化范围为 0.118～0.933mg/L，均值为 0.459mg/L；3 月变化范围为 0.087～1.640mg/L，均值为 0.542mg/L。

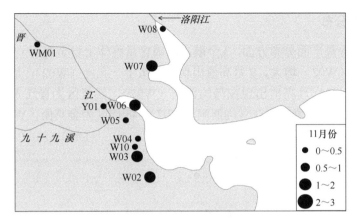

图 2-6　泉州湾 11 月石油类含量分布（mg/L）

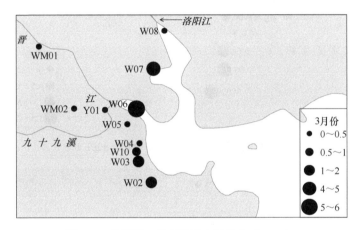

图 2-7　泉州湾 3 月石油类含量分布（mg/L）

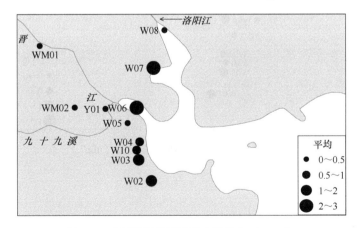

图 2-8　泉州湾平均石油类含量分布（mg/L）

2. 平面分布

在总磷含量平面分布方面，3 个航次总磷含量整体上自金鸡闸（WM01）向水头十一孔闸（W02）增大。9 月高值出现在水头十一孔闸（W02），低值区为金鸡闸（WM01）；11 月高值出现在乌屿西闸（W07），低值区为晋江入海口断面 1（WM02）；3 月高值出现在乌屿西闸（W07），低值区为金鸡闸（WM01）。详见图 2-9～图 2-12。

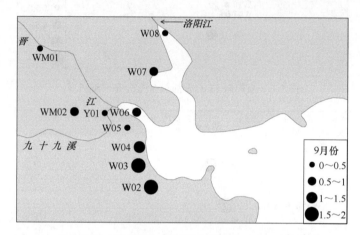

图 2-9 泉州湾 9 月总磷含量分布（mg/L）

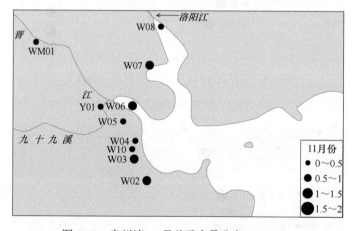

图 2-10 泉州湾 11 月总磷含量分布（mg/L）

2.1.4 总氮

1. 季节变化

3 个航次总氮含量变化范围为 0.846～22.6mg/L，均值为 7.38mg/L。总氮含量

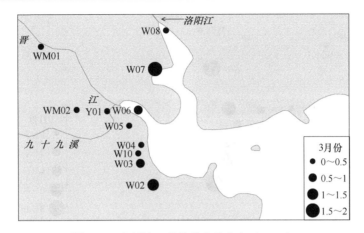

图 2-11 泉州湾 3 月总磷含量分布（mg/L）

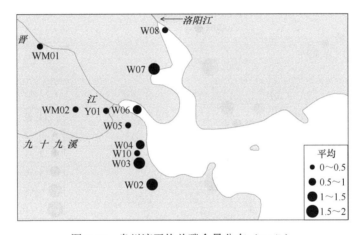

图 2-12 泉州湾平均总磷含量分布（mg/L）

9 月变化范围为 0.846～15.9mg/L，均值为 5.30mg/L；11 月变化范围为 2.65～14.3mg/L，均值为 7.09mg/L；3 月变化范围为 3.68～22.6mg/L，均值为 9.75mg/L。

2. 平面分布

在总氮含量平面分布方面，3 个航次总氮含量自金鸡闸（WM01）向水头十一孔闸（W02）增大。9 月高值出现在五孔闸（W03），低值区为金鸡闸（WM01）排污口；11 月高值出现在水头十一孔闸（W02），低值区为金鸡闸（WM01）；3 月高值出现在水头十一孔闸（W02），低值区为金鸡闸（WM01）。详见图 2-13～图 2-16。

2.1.5 重金属

2008 年 11 月航次对泉州湾周边入海江河及陆源排污口水环境中重金属质量

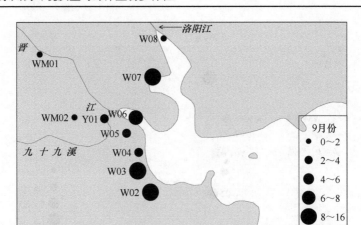

图 2-13 泉州湾 9 月总氮含量分布（mg/L）

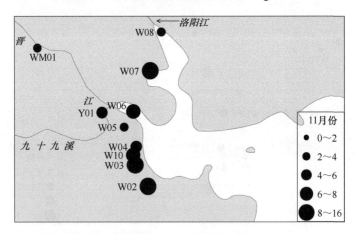

图 2-14 泉州湾 11 月总氮含量分布（mg/L）

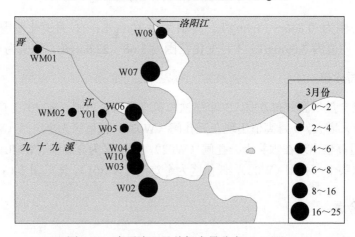

图 2-15 泉州湾 3 月总氮含量分布（mg/L）

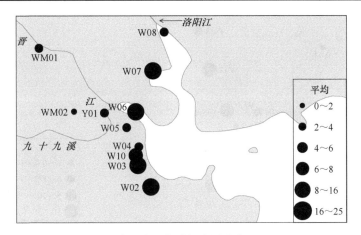

图 2-16 泉州湾平均总氮含量分布（mg/L）

开展调查，调查结果如下：铜含量变化范围为 0.001 66～0.050mg/L，均值 0.008 44mg/L，其中水头十一孔闸（W02）含量最高；锌含量变化范围为未检出（ND）～0.0266mg/L（检出限 0.0005mg/L），均值 0.007 34mg/L，其中彩虹沟（W06）含量最高，金鸡闸（WM01）和六原水闸（W05）均未检出；铅含量变化范围为 0.000 274～0.001 31mg/L，均值 0.000 642mg/L，其中水头十一孔闸（W02）含量最高，六原水闸（W05）含量最低；汞含量变化范围为 ND～0.000 025 5mg/L（检出限 0.000 004mg/L），均值 0.000 011 5mg/L，其中水头十一孔闸（W02）含量最高，南高渠（Y01）含量最低；砷含量变化范围为 0.000 358～0.002 36mg/L，均值 0.001 12mg/L，其中彩虹沟（W06）含量最高，金鸡闸（WM01）含量最低；镉仅有乌屿西闸（W07）和五孔闸（W03）有检出（检出限 0.000 01mg/L）。详见图 2-17～图 2-22。

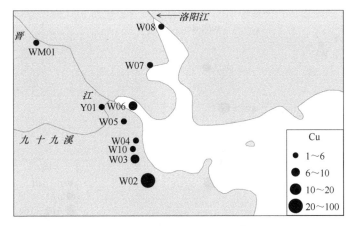

图 2-17 11 月铜含量分布（×10^{-3}mg/L）

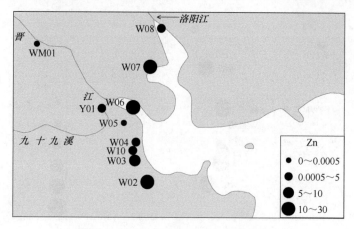

图 2-18　11 月锌含量分布（×10⁻³mg/L）

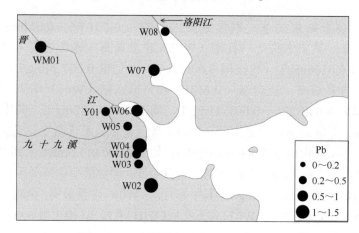

图 2-19　11 月铅含量分布（×10⁻³mg/L）

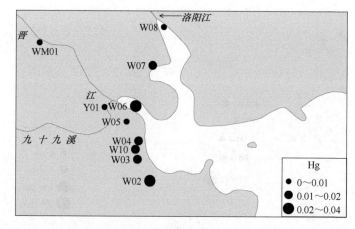

图 2-20　11 月汞含量分布（×10⁻³mg/L）

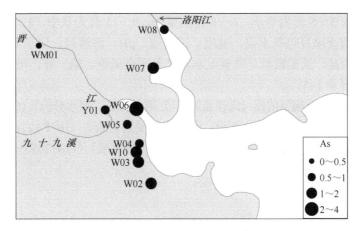

图 2-21　11 月砷含量分布（$\times 10^{-3}$mg/L）

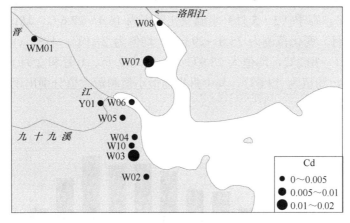

图 2-22　11 月镉含量分布（$\times 10^{-3}$mg/L）

2.1.6　小结

　　2008 年 9 月至 2009 年 3 月，泉州湾周边入海江河及陆源排污口水环境质量
监测结果表明，石油类和化学需氧量平均含量达到《污水综合排放标准》中的一
级标准，其中金鸡闸（WM01）水质状态质量最优，部分站位如水头十一孔闸（W02）
和彩虹沟（W06）化学需氧量达到《污水综合排放标准》中的二级标准。2008 年
11 月水体中重金属调查表明，铜、锌、铅、汞、砷及镉状态良好，含量达到《污
水综合排放标准》中的一级标准。

2.2　泉州湾浅海潮下带水体环境质量

　　2008 年在泉州湾布设 8 个调查站位，共开展 12 个航次的常规水质调查，每

月一次。其中 3～5 月为春季，6～8 月为夏季，9～11 月为秋季，12 月、1 月和 2 月为冬季。调查项目包括水温、盐度、透明度、pH、溶解氧、化学需氧量、活性磷酸盐、硝酸盐、亚硝酸盐、铵盐、石油类及重金属铜、镉、锌、铅、汞、砷等。调查站位见附录 1-A。

水质调查、分析项目依据《海洋监测规范 第 4 部分：海水分析》（GB 17378.4—2007）和《海洋调查规范 第 4 部分：海水化学要素调查》（GB/T 12763.4—2007），具体参见附录 1-B。水体环境质量采用《海水水质标准》（GB 3097—1997）进行评价。

2.2.1 水温

2008 年泉州湾水温年度变化范围为 10.8～30.2℃（按航次、站位统计，下同），均值为 21.2℃。春季（3～5 月）水温变化范围为 16.4～22.6℃，均值为 20.2℃；夏季（6～8 月）变化范围为 25.8～29.0℃，均值为 27.1℃；秋季（9～11 月）变化范围为 16.1～30.2℃，均值为 23.9℃；冬季（12 月、1 月和 2 月）变化范围为 10.8～16.3℃，均值为 13.6℃。其中月平均最小值和最大值分别出现在 2 月和 9 月，详见图 2-23。

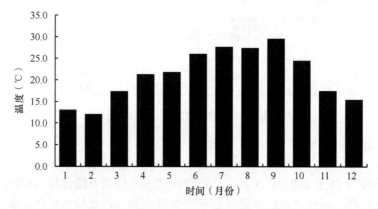

图 2-23　2008 年泉州湾水温月平均变化

2.2.2 盐度

2008 年泉州湾盐度年度变化范围为 2.0～31.3，均值为 21.1。春季盐度变化范围为 4.3～31.3，均值为 22.7；夏季变化范围为 2.0～30.6，均值为 17.3；秋季变化范围为 5.2～28.8，均值为 20.4；冬季变化范围为 5.0～30.3，均值为 24.2。其中月平均最小值和最大值分别出现在 7 月和 1 月，详见图 2-24。

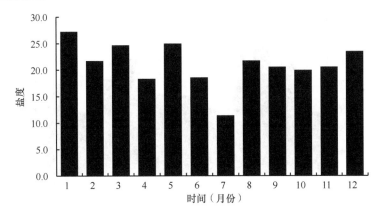

图 2-24　2008 年泉州湾盐度月平均变化

2.2.3　透明度

2008 年泉州湾透明度年度变化范围为 0.2～1.5m，均值为 0.5m。春季透明度变化范围为 0.2～1.5m，均值为 0.8m；夏季变化范围 0.2～1.0m，均值为 0.5m；秋季变化范围为 0.2～0.8m，均值为 0.4m；冬季变化范围为 0.2～0.6m，均值为 0.4m。其中月平均最小值和最大值分别出现在 11 月和 3 月，详见图 2-25。

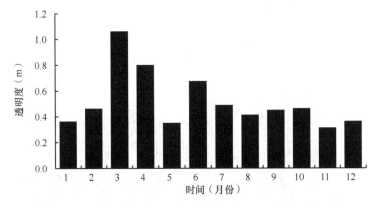

图 2-25　2008 年泉州湾透明度月平均变化

2.2.4　pH

2008 年泉州湾 pH 年度变化范围为 7.44～8.18，均值为 7.72。春季 pH 变化范围为 7.52～8.18，均值为 7.80；夏季变化范围为 7.49～8.09，均值为 7.70；秋季变化范围为 7.44～7.99，均值为 7.66；冬季变化范围为 7.45～8.13，均值为 7.71。其中月平均最小值和最大值分别出现在 10 月和 4 月，详见图 2-26。

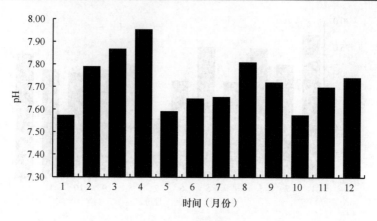

图 2-26　2008 年泉州湾 pH 月平均变化

2.2.5　溶解氧

1. 年度变化

2008 年泉州湾溶解氧年度变化范围为 5.04～9.06mg/L，均值为 7.18mg/L。春季溶解氧含量变化范围为5.26～9.06mg/L，均值为7.53mg/L；夏季变化范围为5.04～7.10mg/L，均值为 6.12mg/L；秋季变化范围为 5.76～8.12mg/L，均值为 6.85mg/L；冬季变化范围为6.46～9.06mg/L，均值为8.23mg/L。其中月平均最小值和最大值分别出现在 6 月和 1 月，详见图 2-27。平均溶解氧含量符合一类海水水质标准。

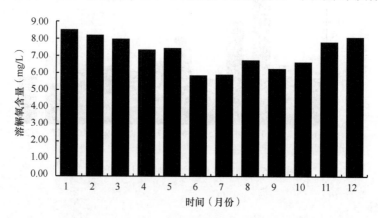

图 2-27　2008 年泉州湾溶解氧含量月平均变化

2. 年际变化

2001 年泉州湾春季（5 月）调查水体中溶解氧含量变化范围为4.84～7.04mg/L，均值为 6.36mg/L；夏季（8 月）变化范围为 4.40～5.65mg/L，均值为 4.74mg/L；

秋季（11月）变化范围为8.19～8.65mg/L，均值为8.48mg/L。2005年10月调查溶解氧平均含量为6.50mg/L，与本次同期调查结果（6.57mg/L）相近。2007年航次调查全年平均值为6.90mg/L，此次调查含量略有上升，为7.18mg/L，结果表明近几年泉州湾溶解氧含量符合一类海水水质标准。

3. 平面分布

春季溶解氧含量平面分布从晋江入海口分别向后渚港和大坠岛邻近海域递增，大坠岛邻近海域为高值区，晋江入海口为低值区。夏季平面分布为陈埭附近海域含量最低且分别向后渚港和大坠岛邻近海域递增，高值出现在大坠岛。秋季平面分布湾内至湾外逐渐增加，低值区为晋江入海口附近海域。冬季平面分布晋江入海口和秀涂南岸至白屿附近海域含量逐渐增加，详见图2-28。

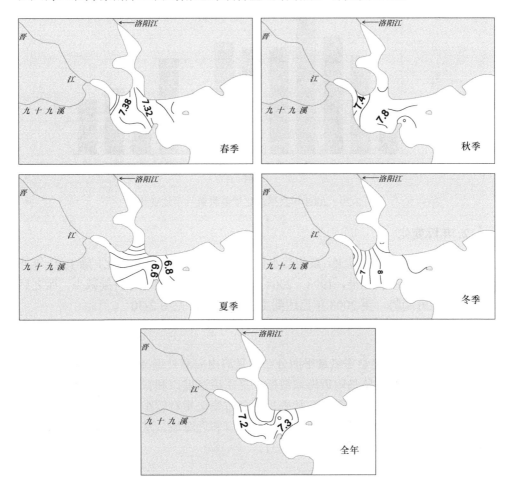

图2-28 2008年泉州湾春、夏、秋、冬、全年溶解氧含量平面分布（mg/L）

2.2.6　化学需氧量

1. 年度变化

2008年泉州湾化学需氧量年度变化范围为0.18～4.50mg/L,均值为1.60mg/L。春季化学需氧量变化范围为0.50～4.50mg/L,均值为2.28mg/L;夏季变化范围为0.43～3.42mg/L,均值为 1.68mg/L;秋季变化范围为 0.46～2.49mg/L,均值为1.21mg/L;冬季变化范围为0.18～2.66mg/L,均值为1.23mg/L。其中月平均最小值和最大值分别出现在 10 月和 4 月,详见图 2-29。年平均化学需氧量符合一类海水水质标准,满足泉州湾水质要求。

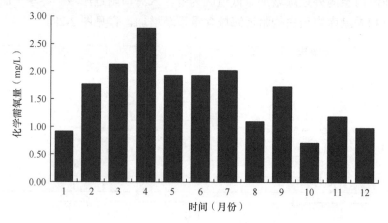

图 2-29　2008 年泉州湾化学需氧量月平均变化

2. 年际变化

自 20 世纪 80 年代以来,泉州湾水体中化学需氧量呈波动变化,除 1993 年外均符合一类海水水质标准,1998～2004 年,水体中化学需氧量持续减少,而之后几年又有上升趋势,至 2008 年已达到 1.60mg/L,详见图 2-30。

3. 平面分布

2008 年各季节化学需氧量平面分布均呈湾内向湾外递减,其中春季后渚港口入海口含量最高,大坠岛附近海域最低。夏季后渚港口和晋江入海口附近海域含量最高,大坠岛附近海域最低。秋季平面分布变化相对较小,晋江入海口至陈埭海域含量最高。冬季含量高值出现在后渚港口邻近海域。从全年平均水平来看,平面分布变化趋势同春季,详见图 2-31。

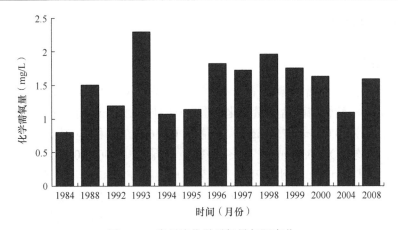

图 2-30　泉州湾化学需氧量年际变化

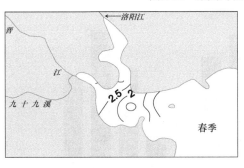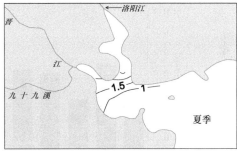

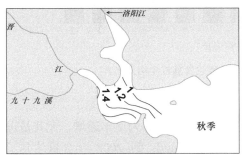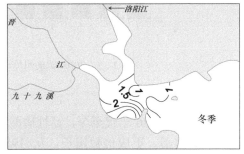

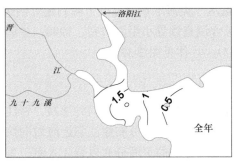

图 2-31　2008 年泉州湾春、夏、秋、冬、全年化学需氧量平面分布（mg/L）

2.2.7 活性磷酸盐

1. 年度变化

2008 年泉州湾活性磷酸盐年度变化范围为 0.021～0.227mg/L，均值为 0.053mg/L。春季活性磷酸盐含量变化范围为 0.021～0.104mg/L，均值为 0.046mg/L；夏季变化范围为 0.021～0.227mg/L，均值为 0.056mg/L；秋季变化范围为 0.024～0.102mg/L，均值为 0.059mg/L；冬季变化范围为 0.030～0.100mg/L，均值为 0.051mg/L。其中月平均最小值和最大值分别出现在 8 月和 11 月。全年仅有 QZ03 站位 3 月、QZ04 站位 9 月、QZ05 站位 6 月和 8 月、QZ06 站位 3 月及 QZ08 站位春夏（7 月除外）活性磷酸盐符合二类海水水质标准，其他均为四类或超过四类海水水质标准，全年平均活性磷酸盐含量超出四类海水水质标准，详见图 2-32。

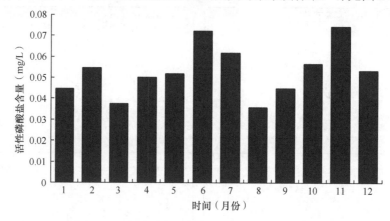

图 2-32　2008 年泉州湾活性磷酸盐含量月平均变化

2. 年际变化

从 20 世纪 80 年代至今，活性磷酸盐含量变化总趋势为逐年递增，尤其是进入 2000 年后，更成倍数增长，从 1984 年 0.008mg/L 到 2008 年含量达到了 0.053mg/L，水环境质量从一类海水水质标准下降到超过四类海水水质标准（福建省海岸带与海涂资源综合调查领导小组办公室，1990；中国海湾志编撰委员会，1993；蔡清海等，2007），具体见图 2-33。

3. 平面分布

春季活性磷酸盐含量平面分布呈湾内向湾外递减，晋江入海口为高值区，大坠岛邻近海域含量最低。夏季的平面分布蚶江邻近海域向湾外东北方向递减。秋季的平面分布和春季相似。冬季的平面分布以晋江入海口为高值区向低值区石湖递减。全年活性磷酸盐含量平面分布趋势与春、秋两季相似，详见图 2-34。

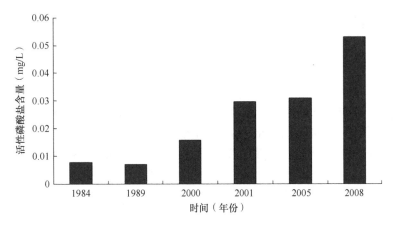

图 2-33 泉州湾活性磷酸盐含量年际变化

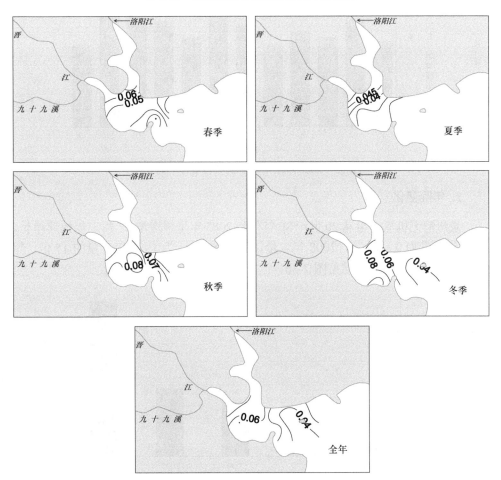

图 2-34 2008 年泉州湾春、夏、秋、冬、全年活性磷酸盐平面分布（mg/L）

2.2.8 无机氮

1. 年度变化

2008 年泉州海湾无机氮年度变化范围为 0.615～3.432mg/L，均值为 1.672mg/L。春季无机氮含量变化范围为 0.615～3.432mg/L，均值为 1.498mg/L；夏季变化范围为 0.724～3.290mg/L，均值为 1.736mg/L；秋季变化范围为 0.824～3.320mg/L，均值为 1.914mg/L；冬季变化范围为 0.631～3.100mg/L，均值为 1.528mg/L。其中月平均最小值和最大值分别出现在 12 月和 11 月，详见图 2-35。各月及全年无机氮平均含量均超过四类海水水质标准。

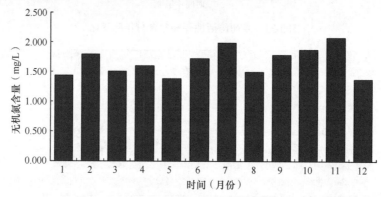

图 2-35 2008 年泉州湾无机氮含量月平均变化

2. 年际变化

泉州湾无机氮含量从 20 世纪 80 年代到 2005 年平缓递增，之后三年快速增长。1984 年含量为 0.11mg/L，2008 年含量达到 1.7mg/L，为 1984 年含量的 15 倍，超过四类海水水质标准，详见图 2-36。

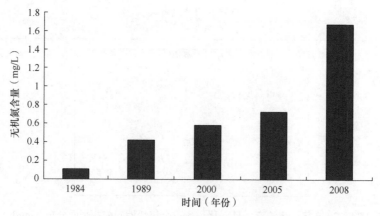

图 2-36 泉州湾无机氮含量年际变化

3. 平面分布

四季及全年无机氮含量平面分布变化趋势较明显，均呈湾内向湾外逐渐降低的过程，晋江入海口为高值区，大坠岛邻近海域为低值区，说明晋江径流是引起泉州湾无机氮含量高的重要原因，详见图2-37。

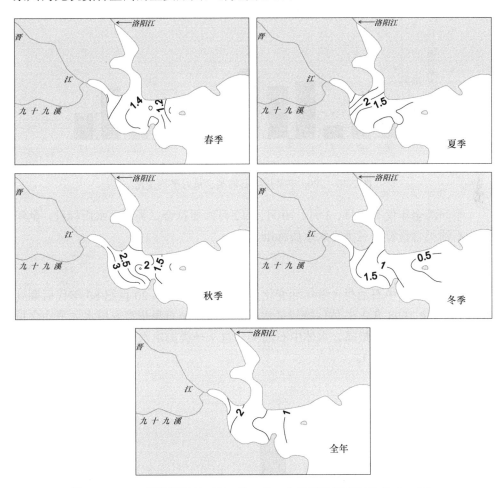

图2-37　2008年泉州湾春、夏、秋、冬、全年无机氮平面分布（mg/L）

2.2.9　石油类

1. 年度变化

2008年泉州湾石油类含量年度变化范围为0.006~0.216mg/L，年平均值为0.069mg/L。春季石油类含量变化范围为0.006~0.197mg/L，均值为0.073mg/L；夏季变化范围为0.022~0.216mg/L，均值为0.087mg/L；秋季变化范围为0.034~

0.130mg/L，均值为 0.066mg/L；冬季变化范围为 0.011～0.129mg/L，均值为
0.049mg/L。其中月平均最小值和最大值分别出现在 3 月和 6 月，详见图 2-38。

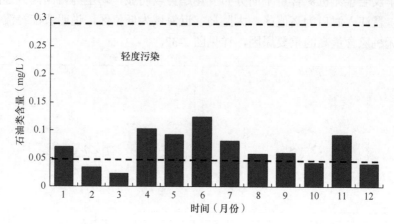

图 2-38　2008 年泉州湾石油类含量月平均变化

泉州湾全年仅有 2 月、3 月、10 月及 12 月水质符合二类海水水质标准，全年
平均石油类含量符合三类海水水质标准。

2. 年际变化

泉州湾水体中石油类含量年际变化呈波浪式趋势，从 20 世纪 80 年代后期到
2005 年（除 1998 年）总体保持较低水平，本航次调查泉州湾表层水体平均含量
为 0.069mg/L，历年最高。水体中石油类含量从一类海水水质标准下降到三类海
水水质标准（图 2-39）。

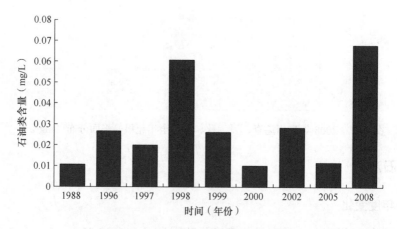

图 2-39　泉州湾石油类含量年际变化

3. 平面分布

春季石油类含量平面分布由湾内向湾外逐渐降低，在白屿附近含量较低，晋江入海口含量最高，大坠岛邻近海域含量最低。夏季整体变化趋势同春季，但在石湖码头出现高值区域，以晋江入海口和石湖码头含量最高。秋季变化幅度较小，自石湖附近海域向湾东北部递减，含量高值区为石湖码头附近海域。冬季变化湾内高、湾外低，晋江入海口至陈埭的海域含量较高。全年石油类平均含量平面分布湾内向湾外均匀递减，其中晋江入海口区域为高值区，大坠岛附近海域为低值区。详见图2-40。

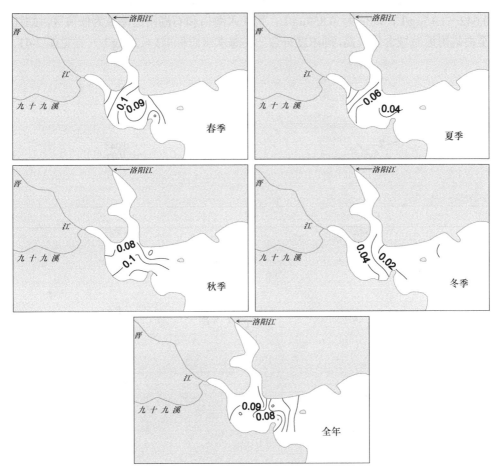

图 2-40　2008 年泉州湾春、夏、秋、冬、全年石油类平面分布（mg/L）

2.2.10　重金属

2008 年 11 月航次调查期间泉州湾水体中铜含量变化在 1.67～2.24μg/L，均值为 1.73μg/L，白屿附近海域铜含量最高，铜浓度符合一类海水水质标准（≤5μg/L）。
镉含量变化在 0.0198～0.0601μg/L，均值为 0.0300μg/L，高值区为后渚港口，低值
区为蚶江附近海域，镉浓度符合一类海水水质标准（≤1μg/L）。锌含量变化在 ND～
4.10μg/L，均值为 2.56μg/L，蚶江附近海域最高，后渚港口最低，锌浓度符合一类
海水水质标准（≤20μg/L）。铅含量变化在 0.135～0.891μg/L，均值为 0.386μg/L，
以后渚港口为高值区，石湖附近海域为低值区，铅浓度符合一类海水水质标准（≤
1μg/L）。汞含量变化在 ND～0.0285μg/L，均值为 0.0248μg/L，晋江入海口和石湖
附近海域含量最低，汞浓度符合一类海水水质标准（≤0.5μg/L）。砷含量变化在
0.642～1.15μg/L，均值为 0.859μg/L，晋江入海口和石湖附近海域为低值区，蚶江
至白屿附近海域含量较高，砷浓度符合一类海水水质标准（≤20μg/L）。详见图 2-41。

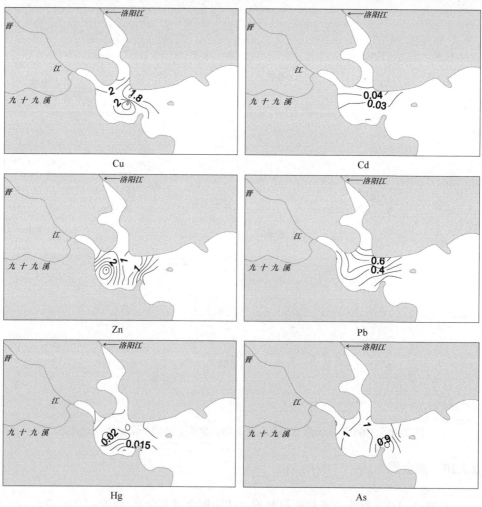

图 2-41　2008 年泉州湾 11 月重金属平面分布（μg/L）

2.2.11　小结

泉州湾水质溶解氧、化学需氧量、重金属（铜、镉、锌、铅、汞、砷）符合一类海水水质标准。无机氮含量均超过四类海水水质标准，活性磷酸盐仅有湾外少数站位符合二类海水水质标准，其余均为四类或超过四类海水水质标准。水体中石油类符合三类海水水质标准。综上所述，2008 年泉州湾海域水体主要污染因子为无机氮、活性磷酸盐和石油类，pH 偏低，其余水质参数符合海水一类或二类水质标准。

2.3　泉州湾沉积物环境质量

2008 年 11 月对泉州湾沉积物质量开展 1 个航次调查，调查内容包括硫化物、石油类、总氮、总磷、铜、锌、汞、砷、铅、镉。调查区域包括 5 条潮间带断面和浅海 8 个站位，站位图详见附录 1-A。

本调查监测项目的分析方法依据《海洋监测规范 第 5 部分：沉积物分析》（GB 17378.5—2007），采用《海洋沉积物质量》（GB 18668—2002）进行评价。

2.3.1　硫化物

2008 年 11 月航次调查期间泉州湾表层沉积物中硫化物平均含量为 203.4mg/kg，有 5 个站位硫化物含量超标，分别是潮间带沉积物 M2-2、M4-2、M2-米草区和潮下带 QZ03、QZ09，超标率为 22.7%，其他站位均符合国家一类沉积物标准。H1-3 硫化物含量最低，为 23.0mg/kg，M4-2 含量最高，为 735mg/kg，详见图 2-42。

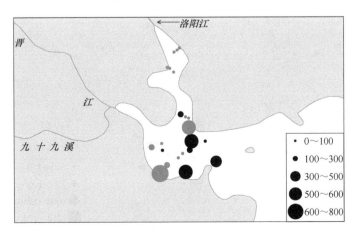

图 2-42　泉州湾表层沉积物中硫化物含量分布（mg/kg）

2.3.2 石油类

2008 年 11 月航次调查期间泉州湾表层沉积物中石油类平均含量为 421mg/kg，有 6 个站位石油类含量超标，分别是潮间带沉积物 M3-2、M4-2、M2-米草区和潮下带 QZ03、QZ07、QZ09，超标率为 27.3%，其他站位均符合国家一类沉积物标准。H1-3 石油类含量最低，为 35.2mg/kg，M4-2 含量最高，为 1760mg/kg，详见图 2-43。

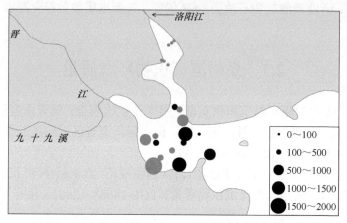

图 2-43　泉州湾表层沉积物中石油类含量分布（mg/kg）

2.3.3 总氮

2008 年 11 月航次调查期间泉州湾表层沉积物中总氮含量变化范围为 555～1390mg/kg，平均含量为 1004mg/kg。总氮含量在 500～1000mg/kg 的站位占总站位数的 50%，1000～1250mg/kg 的站位占 36.4%，1250～1500mg/kg 的站位占 13.6%。QZ06 总氮含量最低，H1-2 含量最高。详见图 2-44。

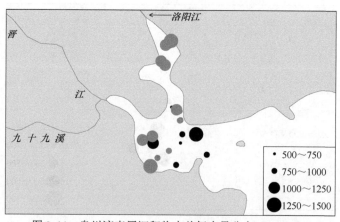

图 2-44　泉州湾表层沉积物中总氮含量分布（mg/kg）

2.3.4 总磷

2008 年 11 月航次调查期间泉州湾表层沉积物中总磷含量变化范围为 202～371mg/kg，平均含量为 282.5mg/kg。总磷含量在 200～230mg/kg 的站位占总站位数的 13.6%，230～260mg/kg 的站位占 18.2%，260～290mg/kg 的站位占 13.6%，290～320mg/kg 的站位占 36.4%，320～400mg/kg 的站位占 18.2%。M4-2 总磷含量最高，H1-2 含量最低。详见图 2-45。

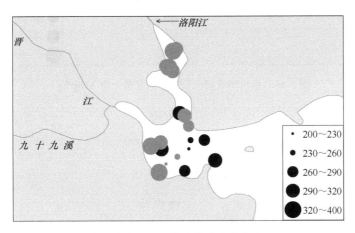

图 2-45 泉州湾表层沉积物中总磷含量分布（mg/kg）

2.3.5 重金属

1. 铜

2008 年 11 月航次调查期间泉州湾表层沉积物样品共分析 22 个站位，包括浅海潮下带站位（QZ02、QZ03、QZ04、QZ05、QZ06、QZ07、QZ09）和潮间带采集到沉积物的站位（H1-2、H1-3、H1-5、M1-2、M1-3、M1-5、M2-2、M2-3、M2-5、M3-2、M3-3、M3-5、M4-2、M4-3、M2-米草区），详见本书随附的原始数据。铜平均含量为 37.2mg/kg，有 9 个站位铜含量超标，超标率为 40.9%，其他站位均符合国家一类沉积物标准。其中 QZ06 含量最低，为 14.9mg/kg，M4-2 含量最高，为 75mg/kg，详见图 2-46。

2. 锌

2008 年 11 月航次调查期间泉州湾表层沉积物中锌平均含量为 160mg/kg，有 14 个站位锌含量超标，超标率为 63.6%，其他站位均符合国家一类沉积物标准。其中 QZ06 含量最低，为 94.7mg/kg，QZ09 含量最高，为 233mg/kg，详见图 2-47。

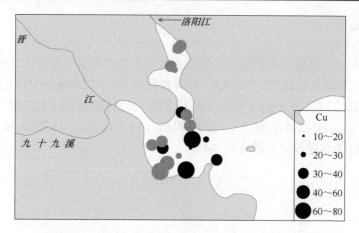

图 2-46 泉州湾表层沉积物中铜含量分布（mg/kg）

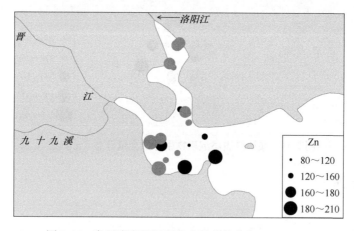

图 2-47 泉州湾表层沉积物中锌含量分布（mg/kg）

3. 汞

2008 年 11 月航次调查期间泉州湾表层沉积物中汞平均含量为 0.117mg/kg，所有站位均符合国家一类沉积物标准。其中 QZ04 含量最低，为 0.0835mg/kg，H1-3 含量最高，为 0.194mg/kg，详见图 2-48。

4. 砷

2008 年 11 月航次调查期间泉州湾表层沉积物中砷平均含量为 9.32mg/kg，所有站位均符合国家一类沉积物标准。其中 QZ06 含量最低，为 7.3mg/kg，H1-5 含量最高，为 10.9mg/kg，详见图 2-49。

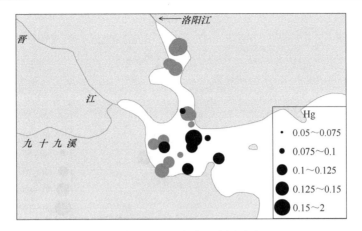

图 2-48　泉州湾表层沉积物中汞含量分布（mg/kg）

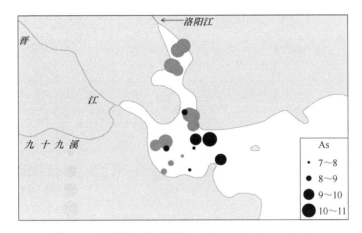

图 2-49　泉州湾表层沉积物中砷含量分布（mg/kg）

5. 铅

2008 年 11 月航次调查期间泉州湾表层沉积物中铅平均含量为 58.5mg/kg，有 5 个站位铅含量超标，分别是潮间带沉积物 H1-2、H1-3、M1-3 和潮下带 QZ07、QZ09，超标率为 22.7%，其他站位均符合国家一类沉积物标准。其中 QZ06 含量最低，为 45.8mg/kg，H1-2 含量最高，为 80.7mg/kg，详见图 2-50。

6. 镉

2008 年 11 月航次调查期间泉州湾表层沉积物中镉平均含量为 0.278mg/kg，有 3 个站位镉含量超标，分别是潮下带 QZ02、QZ07、QZ09，超标率为 13.6%，其他站位均符合国家一类沉积物标准。其中 QZ05 含量最低，为 0.166mg/kg，QZ07 含量最高，为 0.653mg/kg，详见图 2-51。

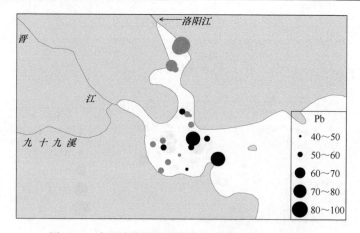

图 2-50　泉州湾表层沉积物中铅含量分布（mg/kg）

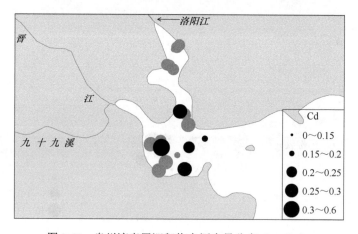

图 2-51　泉州湾表层沉积物中镉含量分布（mg/kg）

2008 年 11 月航次对泉州湾表层沉积物监测结果表明：调查海域主要污染物为锌、铜，局部海域硫化物、石油类、铅及镉超《海洋沉积物质量》（GB 18668—2002）一类标准。所有调查站位中汞、砷含量符合《海洋沉积物质量》（GB 18668—2002）一类标准。总体来看，泉州湾表层沉积物环境质量状况良好。

2.4　泉州湾代表生物体质量

2008 年 11 月对泉州湾生物体质量展开调查，选取缢蛏为指示物种，调查项目包括石油烃和重金属（铜、铅、锌、镉、总汞、砷）。在南北两岸分别设置蚶江和秀涂 2 个调查断面，站位分布详见附录 1-A。

本调查监测项目的分析方法依据《海洋监测规范 第 6 部分：生物体分析》（GB

17378.6—2007)，依据《海洋生物质量》（GB 18421—2001）进行评价。主要结果如下：

（1）石油烃：秀涂和蚶江断面生物体中石油烃含量分别为 126mg/kg、178mg/kg，平均含量为 152mg/kg，石油烃含量均劣于三类海洋生物质量标准。

（2）铜：秀涂和蚶江断面生物体中铜含量分别为 13.2mg/kg、11.5mg/kg，平均含量为 12.4mg/kg，铜含量均符合二类海洋生物质量标准。

（3）铅：秀涂和蚶江断面生物体中铅含量分别为 0.728mg/kg、1.23mg/kg，平均含量为 0.979mg/kg，铅含量均符合二类海洋生物质量标准。

（4）锌：秀涂和蚶江断面生物体中锌含量分别为 15mg/kg、22.1mg/kg，平均含量为 18.6mg/kg，秀涂断面锌含量符合一类海洋生物质量标准，蚶江断面锌含量符合二类海洋生物质量标准。

（5）镉：秀涂和蚶江断面生物体中镉含量分别为 0.0987mg/kg、0.0854mg/kg，平均含量为 0.092mg/kg，镉含量均符合一类海洋生物质量标准。

（6）总汞：秀涂和蚶江断面生物体中总汞含量分别为 0.0144mg/kg、0.0083mg/kg，平均含量为 0.0114mg/kg，总汞含量均符合一类海洋生物质量标准。

（7）砷：秀涂和蚶江断面生物体中砷含量分别为 1.7mg/kg、2.0mg/kg，平均含量为 1.85mg/kg，砷含量均符合二类海洋生物质量标准。

通过 2008 年 11 月期间对泉州湾代表生物体（缢蛏）开展的调查表明：石油烃含量均劣于三类海洋生物质量标准，镉、总汞符合一类海洋生物质量标准，铜、铅、锌、砷含量符合二类海洋生物质量标准。

3 泉州湾特征性有机污染物调查

3.1 多 环 芳 烃

多环芳烃（PAHs）是指含有两个或两个以上苯环的碳氢化合物。多环芳烃是自然环境及人为活动中高分子有机物不完全燃烧时产生的挥发性碳氢化合物，广泛存在于环境尤其是城市环境中，主要来源于人类活动和能源利用过程，如石油、煤等的燃烧、石油及石油化工产品生产、石油开发及石油运输中的溢漏等过程。森林火灾、火山活动、生物内源性合成等自然过程亦形成了环境中的 PAHs。本研究共检测美国环境保护署（EPA）优先推荐检测的 16 种 PAHs。

3.1.1 水体

本研究在泉州湾周边入海江河及陆源排污口两个航次的表层水样中检测 16 种 PAHs。在秋季航次检出 8 种，总含量范围为 ND（WM01）～537.0（W04）ng/L，均值为 170.6ng/L，其中萘、芴、菲、荧蒽、芘在多数站位检出，为该区域秋季主要的 PAHs 污染物。在春季航次中，16 种 PAHs 均有检出，总含量范围为 194.6（WM03）～931.7（W06）ng/L，均值为 394.5ng/L，其中萘、苊烯、芴、菲、荧蒽、芘在所有站位均有检出，为该区域春季主要的 PAHs 污染物。春季航次 PAHs 的检出率、总含量明显高于秋季航次，这可能与当地季节性排污密切相关。

在泉州湾浅海表层海水站位中，秋季航次检出 6 种 PAHs，总含量范围为 ND（QZ07）～129.1（QZ08）ng/L，均值为 47.87ng/L；春季航次检出 9 种 PAHs，总含量范围为 178.4（QZ08）～274.2（QZ03）ng/L，均值为 220.1ng/L。春季航次检出的 PAHs 种类和总含量均高于秋季航次。具体见图 3-1 和图 3-2。

3.1.2 表层沉积物

在泉州湾 3 条潮间带断面表层沉积物中，秋季航次检出 14 种 PAHs，总含量范围为 127.6（M3-3）～448.1（M2-3）ng/g（干重），均值为 206.3ng/g；春季航次检出 15 种 PAHs，总含量范围为 330.7（M3-4）～507.3（M3-2）ng/g，均值为 390.8ng/g。春季航次 PAHs 检出的种类和含量都高于秋季航次。

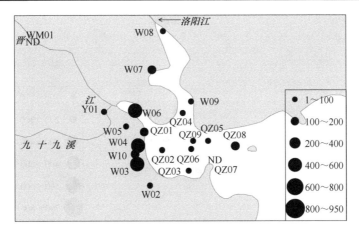

图 3-1 泉州湾及周边水体中 PAHs 含量分布（2008 年 11 月航次）（ng/L）

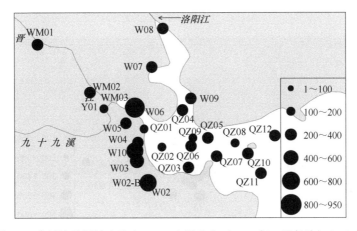

图 3-2 泉州湾及周边水体中 PAHs 含量分布（2009 年 3 月航次）（ng/L）

在泉州湾潮下带表层沉积物中，秋季航次检出 14 种 PAHs，总含量范围为 122.5（QZ06）～269.1（QZ04）ng/g，均值为 199.4ng/g；春季航次检出 14 种 PAHs，总含量范围为 182.8（QZ06）～721.1（QZ02）ng/g，均值为 323.5ng/g。春季检出的 PAHs 含量高于秋季航次。具体见图 3-3 和图 3-4。

3.1.3 生物体

缢蛏是泉州湾重要的代表性水产养殖动物。在两个航次采集到的缢蛏中，共检出 3 种 PAHs，分别是芴、菲和芘，总含量范围为 1.57（蚶江断面，春季）～19.70（蚶江断面，秋季）ng/g（湿重），均值为 9.85ng/g（湿重）。

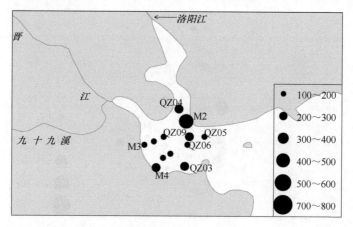

图 3-3　泉州湾表层沉积物中 PAHs 含量分布（2008 年 11 月航次）（ng/g，干重）

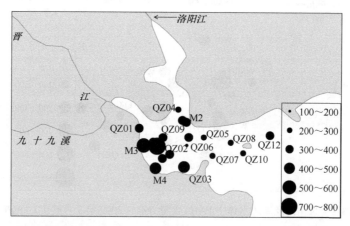

图 3-4　泉州湾表层沉积物中 PAHs 含量分布（2009 年 3 月航次）（ng/g，干重）

3.1.4　PAHs 含量组成特征

　　泉州湾周边入海江河及陆源排污口、泉州湾浅海水体中检出的 16 种 PAHs 含量如图 3-5 和图 3-6 所示。秋季航次，仅检出毒性较小的 2～4 环 PAHs，所有站位均未检出强毒性的 5～6 环 PAHs。其中，WM01 和 QZ07 站位未检出 PAHs。春季航次，除 WM03 和 QZ01 仅检出 2～4 环 PAHs 外，其他站位均检出 5 环 PAHs，W02B 处甚至检出 6 环 PAHs。与秋季航次相比，春季航次检出更多具有强毒性和致癌性的稠环 PAHs。

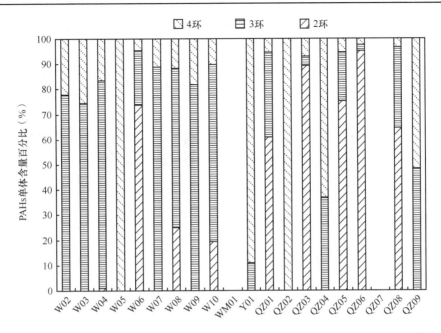

图 3-5 泉州湾周边入海江河及陆源排污口、浅海水体 PAHs 单体含量百分比（2008 年 11 月
航次/秋季航次）

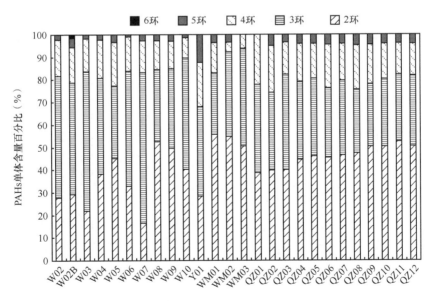

图 3-6 泉州湾周边入海江河及陆源排污口、浅海水体 PAHs 单体含量百分比（2009 年 3 月
航次/春季航次）

泉州湾表层沉积物中检出的 16 种 PAHs 含量组成如图 3-7 和图 3-8 所示。两个航次所有站位表层沉积物中均有 2～6 环 PAHs 检出，以 3～5 环 PAHs 为主。沉积物中 5～6 环 PAHs 所占比例明显高于水体，这主要是由于稠环 PAHs 具有很强的疏水性和吸附性，容易从水相中吸附到悬浮颗粒物上并沉降到沉积物中。

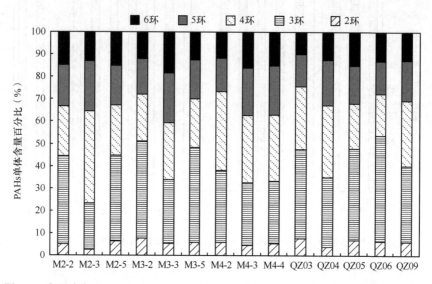

图 3-7 泉州湾表层沉积物中 PAHs 单体含量百分比（2008 年 11 月航次/秋季航次）

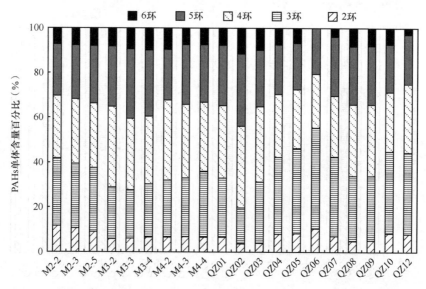

图 3-8 泉州湾表层沉积物中 PAHs 单体含量百分比（2009 年 3 月航次/春季航次）

表 3-1 列出了国内不同调查区域水体和沉积物中 PAHs 含量。与国内一些海湾地区相比，泉州湾周边入海江河及陆源排污口水体中的 PAHs 含量与高屏溪、天津 10 条河流、钱塘江 PAHs 含量水平相当，远低于闽江口 PAHs 污染水平。与其他海湾沉积物相比，泉州湾表层沉积物中 PAHs 含量比高屏溪沉积物中 PAHs 含量高，与闽江口、厦门西港（2001）、湄洲湾、大亚湾（柱样）沉积物中 PAHs 含量相当，低于长江口潮滩、大连湾、厦门西港（2004）表层沉积物中 PAHs 含量，处于轻度到中等污染水平。

表 3-1 不同调查区域水体和沉积物中 PAHs 含量

介质	年份	调查区域	对象	PAHs 含量		参考文献
				含量范围	均值	
水体 (ng/L)	2004	高屏溪	16 种 PAHs	10~9 400	430	Doong and Lin, 2004
	2004	闽江口	16 种 PAHs	9 890~474 000	72 400	Zhang et al., 2004
	2005	天津 10 条河流	16 种 PAHs	46~1 272	174	Shi et al., 2005
	2007	钱塘江	15 种 PAHs	70~1 844	283	Chen et al., 2007
	2008~2009	泉州湾	16 种 PAHs	ND~537.0（11 月） 194.6~931.7（3 月）	170.6（11 月） 394.5（3 月）	本研究
沉积物 (ng/g)	2004	高屏溪	16 种 PAHs	8~356	81	Doong and Lin, 2004
	2004	闽江口	16 种 PAHs	112~877	433	Zhang et al., 2004
	2000	珠江口	16 种 PAHs	156.32~9 219.78		麦碧娴等，2000
	2001	长江口潮滩	10 种 PAHs	263~6 372	1 662	刘敏等，2001
	2001	厦门西港	16 种 PAHs	247~480	367	张祖麟等，2001b
	2001	大连湾	11 种 PAHs	32.70~3 558.88	1 152.08	刘现明等，2001a
	2003	湄洲湾	16 种 PAHs	196.7~299.7	256.1	林建清等，2003
	2003	胶州湾	23 种 PAHs	82~4567		杨永亮等，2003
	2004	厦门西港	16 种 PAHs	105.3~5 118.3（4 月） 683.6~2 954.2（7 月） 564.1~2 656.0（10 月）	1 318.1（4 月） 1 261.5（7 月） 1 103.6（10 月）	田蕴等，2004
	2005	大亚湾（柱样）	16 种 PAHs	77~306	192	池继松等，2005
	2006	杭州湾	16 种 PAHs	7.13~226.16	65.7	陈卓敏等，2006
	2008~2009	泉州湾	16 种 PAHs	127.6~448.1（11 月） 330.7~507.3（3 月）	206.3（11 月） 390.8（3 月）	本研究

3.2 邻苯二甲酸酯

3.2.1 水体

本研究在泉州湾周边入海江河及陆源排污口两个航次的表层水样中检测 16 种邻苯二甲酸酯（PAEs）。除邻苯二甲酸二丙酯（DPP）外，在两个航次中均检出其余 15 种 PAEs，秋季航次总含量范围为 1.72（W05）～7367（W06）ng/L，均值为 1910ng/L，春季航次总含量范围为 148.8（W05）～24 505（W06）ng/L，均值为 3668ng/L。其中，邻苯二甲酸二甲酯（DMP）、邻苯二甲酸二乙酯（DEP）、邻苯二甲酸二异丁酯（DiBP）、邻苯二甲酸二丁酯（DBP）、邻苯二甲酸二（2-乙基己基）酯（DEHP）这 5 种 PAEs 在该区域水体中的检出率最高，是该区域主要的 PAEs 污染物。周边入海江河及陆源排污口表层水中 PAEs 浓度变化大，显示 PAEs 的分布具点源输入特征。春季航次周边入海江河及陆源排污口表层水中 PAEs 总含量普遍高于秋季航次，可能与当地的季节性排放有关。

在泉州湾浅海，秋季航次检出 15 种 PAEs，总含量范围为 39.35（QZ06）～297.0（QZ05）ng/L，均值为 144.2ng/L；春季航次检出 10 种 PAEs，总含量范围为 18.76（QZ08）～191.5（QZ05）ng/L，均值为 82.28ng/L。泉州湾浅海水体中检出的 PAEs 单体与周边江河及陆源排污口组成相似，主要单体也是 DMP、DEP、DiBP、DBP 和 DEHP。其中，DMP、DEP、DiBP、DBP 使用更为普遍，且比其他单体在水体中的溶解度高，是海水中常见的 PAEs 污染单体。在所有检出的 PAEs 中，DiBP 含量最高，约占所有检出 PAEs 总量的 50%。而 DPP 在所有站位均未检出。两个航次 PAEs 总含量相近，秋季航次检测结果略高。与周边入海口水体中检出的 PAEs 含量相比，潮下带 PAEs 总含量较低，且变化范围较小，可见泉州湾浅海水体中的 PAEs 主要来自周边入海河流和陆源排污口。具体见图 3-9 和图 3-10。

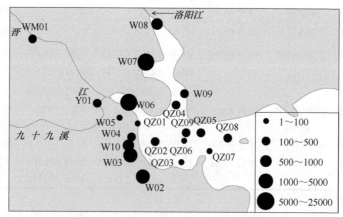

图 3-9　泉州湾及周边水体中 PAEs 含量分布（2008 年 11 月航次）（ng/L）

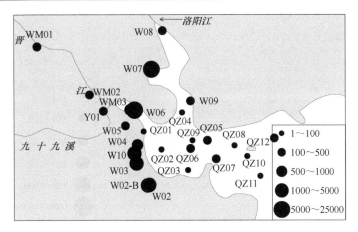

图 3-10　泉州湾及周边水体中 PAEs 含量分布（2009 年 3 月航次）（ng/L）

3.2.2　表层沉积物

在泉州湾 3 条潮间带断面表层沉积物中，两个航次均检出 10 种 PAEs。秋季航次检出 PAEs 总含量范围为 180.8（M2-5）～1441（M4-2）ng/g，均值为 442.1ng/g；春季航次检出 PAEs 总含量范围为 359.0（M3-4）～1468（M4-2）ng/g，均值为 575.7ng/g。各断面表层沉积物中 16 种 PAEs 含量随离岸距离增加而降低，说明表层沉积物中的 PAEs 主要来自陆源输入。M4 断面沉积物中 PAEs 浓度最高于 M2、M3 断面，可能是由于 M4 断面位于西滨电镀集控区排污口附近。M3 断面表层沉积物中的 PAEs 与 M2 断面基本相当。

在泉州湾朝下带浅海，秋季航次检出 10 种，总含量范围为 188.6（QZ05）～987.2（QZ03）ng/g，均值为 474.1ng/g；春季航次检出 9 种 PAEs，总含量范围为 173.4（QZ06）～1071（QZ03）ng/g，均值为 396.8ng/g。潮下带表层沉积物中 PAEs 含量低于潮间带，可能与 PAEs 的陆源输入性有关。

表层沉积物中主要的 PAEs 单体最高的是 DiBP，占 PAEs 总量的一半以上，其次是 DBP 和 DEHP，两航次样品这 3 种单体分别占总 PAEs 含量的 97.1% 和 98.1%。DEHP 浓度高可能与 DEHP 使用更广泛及 DEHP 的正辛醇水分配系数比 DiBP、DBP 高有关。在所有检测的表层沉积物样品中，未检出 DPP、邻苯二甲酸二己酯（DHXP）、邻苯二甲酸苄基丁基酯（BBP）、邻苯二甲酸二庚酯（DHPP）和邻苯二甲酸二环己酯（DCHP）等 5 种 PAEs 单体。

泉州湾表层沉积物中 PAEs 含量的空间分布总体呈南岸＞北岸、湾内＞湾外的趋势，并随离岸距离的增加而降低，表明泉州湾中的 PAEs 主要来自陆源输入，可能与泉州湾南岸大量造鞋、制革产业群有关。详见图 3-11 和图 3-12。

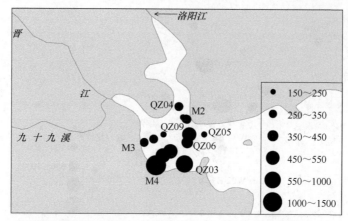

图 3-11　泉州湾表层沉积物中 PAEs 含量分布（2008 年 11 月航次）（ng/g，干重）

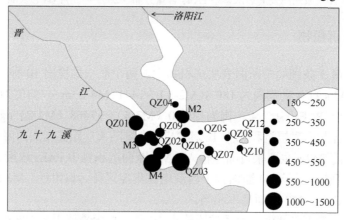

图 3-12　泉州湾表层沉积物中 PAEs 含量分布（2009 年 3 月航次）（ng/g，干重）

3.2.3　生物体

在检测的缢蛏组织中，两个航次均检出 DMP、DEP、DiBP、DBP 和 DEHP 等 5 种 PAEs 单体，总含量范围为 6.27（秀涂断面，秋季）～13.97（蚶江断面，秋季）ng/g（湿重）。其中，DEHP 在缢蛏组织中含量最高，含量范围 2.28（秀涂，秋季）～6.49（蚶江，秋季）ng/g（湿重）。蚶江断面野生缢蛏组织中的 PAEs 的含量高于秀涂断面，可能与蚶江断面周边存在 PAEs 排放源头有关。秋季航次缢蛏中 PAEs 含量高于春季航次，这可能与污染物季节性排放、缢蛏吸收富集 PAEs 存在生长季节差异有关。

3.2.4　PAEs 含量组成特征

表 3-2 为泉州湾与国内其他水域水体和沉积物中部分 PAEs 单体含量。泉州湾

周边入海江河及陆源排污口水体中，部分 PAEs 单体污染水平低于九龙江，与黄浦江相当，略高于广州湖泊中相应 PAEs 污染水平。泉州湾表层沉积物中 PAEs 污染水平低于广州湖泊和珠江口表层沉积物中相应 PAEs 污染水平，相对而言处于较轻的污染水平，部分单体（如 DEHP）含量超过珠江口海域。

表 3-2 国内不同调查区域水体和沉积物中 PAEs 单体含量

介质	调查区域	PAEs 含量					参考文献
		DMP	DEP	DiBP	DBP	DEHP	
水体 （μg/L）	黄浦江	0.414	0.163	—	0.604	1.253	胡雄星等，2007
	九龙江	0.446	3.858	—	8.548	2.03	陆洋等，2007
	广州湖泊	0.018	0.059	0.47	2.03	0.24	Zeng et al.，2008
	泉州湾	0.211	0.13	0.885	0.501	0.08	本研究
沉积物 （ng/g）	广州湖泊	88	330	16001	370	3640	Zeng et al.，2008
	珠江口	36.38	4.87	508.8	729.9	219.9	曾锋等，2005
	泉州湾	2.062	0.87	113.46	49.5	299.8	本研究

注："—"表示文献未给出浓度

3.3 芳 香 胺

本研究检测泉州湾潮间带和浅海潮下带两个航次沉积物样品中 25 种芳香胺。在 3 条潮间带断面中，秋季航次检出 5 种芳香胺，总含量范围为 1.96（M3-5）~25.50（M4-2）ng/g，均值为 6.12ng/g；春季航次检出 7 种，总含量范围为 2.70（M2-5）~34.50（M4-2）ng/g，均值为 8.42ng/g。在浅海潮下带表层沉积物中，秋季和春季航次均只检出苯胺、联苯胺 2 种单体，秋季总含量范围为 0.82（QZ06）~3.67（QZ04）ng/g，均值为 2.00ng/g；春季总含量范围为 0.90（QZ06）~9.00（QZ03）ng/g，均值为 3.43ng/g。具体见图 3-13 和图 3-14。

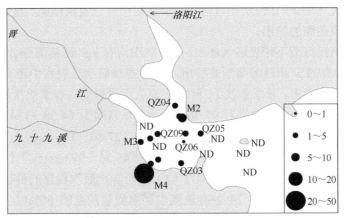

图 3-13 泉州湾表层沉积物中芳香胺含量分布（2008 年 11 月航次）（ng/g，干重）

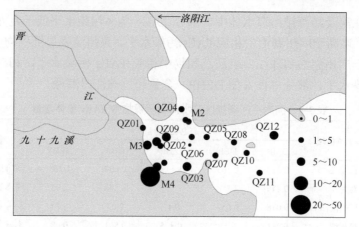

图 3-14　泉州湾表层沉积物中芳香胺含量分布（2009 年 3 月航次）（ng/g，干重）

3.4　有机氯和拟除虫菊酯类农药

3.4.1　水体

本研究共检测 14 种有机氯农药（OCPs）和 7 种拟除虫菊酯农药。在泉州湾周边入海江河及陆源排污口两个航次的表层水体中，秋季航次检出有机氯农药 2 种、拟除虫菊酯 1 种，春季检出有机氯农药 9 种、拟除虫菊酯 4 种，有机氯和拟除虫菊酯农药总浓度秋季航次为 ND～604.7ng/L，春季航次为 59.29～764.3ng/L，春季航次高于秋季航次。总体上看，两个航次均以狄氏剂、联苯菊酯和甲氰菊酯的检出为主，个别站位如 W07，两个航次检出的 o,p'-滴滴涕（o,p'-DDT）浓度均较高，接近 300ng/L。14 种有机氯农药中，除上述主要检出品种外，还有六氯苯（BHC）的检出，以 β-BHC 为主，硫丹两个异构体以硫丹 II 的检出为主，可能是由于 β-BHC 和硫丹 II 性质比较稳定，个别站位有三氯杀螨砜、氯氰菊酯、氟胺氰菊酯及氰戊菊酯的检出。

在泉州湾浅海潮下带表层水体中，两个航次均有 p,p'-滴滴滴（p,p'-DDD）、p,p'-滴滴涕（p,p'-DDT）和联苯菊酯的检出，此外春季航次表层水中还有硫丹、狄氏剂和甲氰菊酯的检出；秋季航次 21 种农药的总质量浓度与春季航次相当，秋季航次为 35.95～182.5ng/L，均值为 97.06ng/L，春季航次为 64.58～134.6ng/L，均值为 90.84ng/L。秋季航次以联苯菊酯的检出为主（27.80～176.3ng/L），而春季航次则以联苯菊酯（ND～65.09ng/L）和甲氰菊酯（46.56～99.68ng/L）的检出为主；秋季航次 14 种有机氯农药中只有 DDT 检出，而春季航次检出的目标物增加，但仍以 DDT 的检出为主，占 14 种有机氯农药总质量浓度的 50% 以上；两个航次 DDT 四种异构体，只检出 p,p'-DDD 和 p,p'-DDT，秋季航次 DDT 类农药的总质量浓度为 6.12~20.44ng/L，均值为 11.15ng/L，春季航次为 9.74~15.33ng/L，均值为 12.42ng/L。

图 3-15 和图 3-16 分别为秋季航次和春季航次泉州湾及周边江河陆源入海污染源水体中有机氯和拟除虫菊酯农药含量分布图。潮下带表层水中的联苯菊酯、甲氰菊酯及 DDT 可能来自洛阳江上游 W08 与 W07 站位和晋江上游的 WM01、WM02 及下游的 W06 站位，这几个站位检出的这三种农药浓度比较高，特别是在春季航次；而洛阳江近年来不断扩大的滩涂养殖，可能也是这些农药的来源之一。作为输入泉州湾的两大河流，晋江与洛阳江是泉州湾有机污染物的主要输运途径，在泉州湾水动力作用下，有机污染物在湾内趋向于近乎均匀、局部集中的分布，如位于河口的 QZ01 与 QZ04，由于首先接受来自晋江与洛阳江的输入，有机污染物浓度比较高，而 QZ09 受秀涂岬角束狭的影响，有机污染物的浓度也比较高。

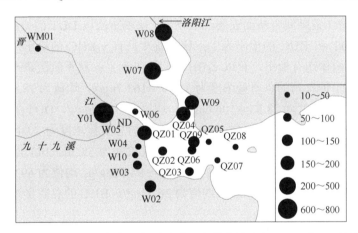

图 3-15　泉州湾及周边水体中有机氯和拟除虫菊酯农药含量分布（2008 年 11 月航次）（ng/L）

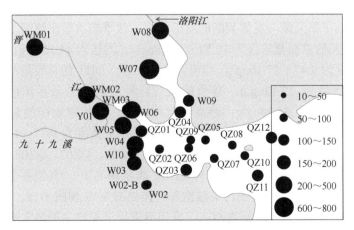

图 3-16　泉州湾及周边水体中有机氯和拟除虫菊酯农药含量分布（2009 年 3 月航次）（ng/L）

与国内其他流域的水体相比，泉州湾浅海水体（不含周边入海江河及陆源排污口）中有机氯农药的总质量浓度（秋季航次 6.12～20.44ng/L，均值 11.15 ng/L，春季航次 12.23～22.97ng/L，均值 16.28ng/L）低于兴化湾（10.96～56.31ng/L）（张菲娜等，2006）、九龙江口（各站位均值 71.8ng/L）（张祖麟等，2001a）和辽东湾表层水（均值 41.94ng/L）（吕景才等，2002）；DDT 类农药的总质量浓度（秋季航次 6.12～20.44ng/L，均值 11.15ng/L，春季航次 9.74～15.33ng/L，均值为 12.42ng/L）高于兴化湾（5.78～161.64ng/L，均值 6.67ng/L）（张菲娜等，2006），低于珠江口表层海水（均值 0.080μg/L）（蔡福龙等，1997），低于一类《海水水质标准》（GB 3097—1997）限值（0.000 05mg/L），满足一类海水水质标准要求。

3.4.2 表层沉积物

在泉州湾 3 条潮间带断面表层沉积物中，秋季航次以 DDT 的检出为主，春季航次则以 DDT 和 BHC 的检出为主；秋季航次只有 γ-BHC 的检出，而春季航次 BHC 四种异构体均有检出，且以 δ-BHC 的检出为主；秋季航次泉州湾潮间带表层沉积物中 21 种农药的总质量浓度为 31.39～163.7ng/g，均值为 78.63ng/g，有机氯农药的总质量浓度为 28.53～106.6ng/g，均值为 61.60ng/g，DDT 的总质量浓度为 21.61～98.40ng/g，均值为 56.16ng/g，BHC 的总质量浓度为 2.04～2.61ng/g，均值为 2.29ng/g；春季航次 21 种农药的总质量浓度为 58.30～144.0ng/g，均值为 82.34ng/g，有机氯农药的总质量浓度为 46.15～94.91ng/g，均值为 69.89ng/g，DDT 的总质量浓度为 16.90～39.73ng/g，均值为 26.31ng/g，BHC 的总质量浓度为 6.51～55.94ng/g，均值为 36.59ng/g。

在泉州湾潮下带表层沉积物中，两个航次检出的主要农药为 DDT，个别站位如 QZ07（春季航次）、QZ09（春季、秋季航次）以甲氰菊酯的检出为主，QZ09 两个航次均以甲氰菊酯与氯氰菊酯的检出为主；秋季航次泉州湾潮下带表层沉积物中 21 种农药的总质量浓度为 10.59～108.8ng/g，均值为 44.12ng/g，有机氯农药的总质量浓度为 9.47～37.16ng/g，均值为 24.08ng/g，DDT 的总质量浓度为 7.53～35.02ng/g，均值为 22.13ng/g；春季航次 21 种农药的总质量浓度为 18.01～183.15ng/g，均值为 54.36ng/g，略高于秋季航次，有机氯农药的总质量浓度为 14.15～53.30ng/g，均值为 31.34ng/g，DDT 的总质量浓度为 9.77～46.53ng/g，均值为 22.04ng/g，与秋季航次相当；除春季航次 QZ03、QZ07、QZ08、QZ09 等少数站位的(DDE+DDD)/DDT 值＞0.5 外（DDE 表示滴滴伊），其他各个站位的比值均＜0.5，说明近期可能有新的污染源输入。详见图 3-17 和图 3-18。

与国内其他海域表层沉积物相比，泉州湾表层沉积物（不包含潮间带站位）中 DDT 的浓度高于大连湾（0.73～5.72ng/g，均值为 2.21ng/g）（刘现明等，2001b）

和闽江口-马祖海域（1.10～14.3ng/g）（陈伟琪等，2000），远低于珠江三角洲河口及邻近海域（2.6～1628.81ng/g）（康跃惠等，2000）；泉州湾表层沉积物中六氯苯的浓度高于大连湾（0.027～5.78ng/g，均值为 0.25ng/g）（刘现明等，2001a）和闽江口-马祖海域（0.03～0.59ng/g）（陈伟琪等，2000），秋季与春季两个航次潮下带表层沉积物中六氯苯的浓度与珠江三角洲河口及邻近海域（0.14～17.04ng/g）（康跃惠等，2000）相当。根据《海洋沉积物质量》（GB 18668—2002）（一类指标 DDT＜0.02mg/L，BHC＜0.50mg/L，二类指标 DDT＜0.05mg/L，BHC＜1.00mg/L）。泉州湾浅海表层沉积物中的 DDT 污染满足二类沉积物质量标准，BHC 的污染满足一类沉积物质量标准。

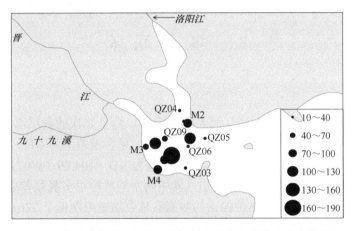

图 3-17　泉州湾表层沉积物中有机氯和拟除虫菊酯农药含量分布
（2008 年 11 月航次）（ng/g，干重）

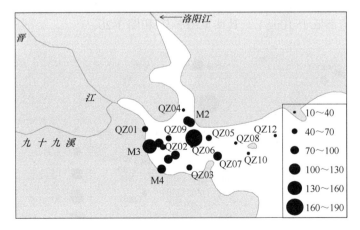

图 3-18　泉州湾表层沉积物中有机氯和拟除虫菊酯农药含量分布
（2009 年 3 月航次）（ng/g，干重）

3.4.3 生物体

在检测的缢蛏组织中，两个航次均检出硫丹、o,p'-DDT、p,p'-DDD、p,p'-DDT 等 4 种有机氯农药和三氯杀螨醇、三氯杀螨砜两种拟除虫菊酯农药。氯氰菊酯仅在秋季航次的十一孔桥断面中检出。在秋季航次，秀涂断面和十一孔桥断面 21 种有机氯农药和拟除虫菊酯农药总量（湿重）分别为 15.6ng/g、31.07ng/g，春季两条断面分别为 18.56ng/g、31.93ng/g。对应 DDT 总量（湿重），在秋季航次秀涂断面和十一孔桥断面分别为 9.09ng/g、4.74ng/g，春季分别为 8.96ng/g、9.29ng/g。根据《海洋生物质量》标准（GB 18421—2001），海洋贝类中的 DDT 一类标准为限值≤0.01mg/kg，在泉州湾缢蛏所检出的 DDT 浓度较低，满足一类海洋生物质量标准。

3.5 多 氯 联 苯

3.5.1 水体

本研究在泉州湾周边入海江河及陆源排污口两个航次的表层水样中检测 10 种多氯联苯（PCBs）。在秋季航次检出 5 种单体，总含量范围为 ND～189.1（W07）ng/L，春季航次也检出 3 种单体，总含量范围为 ND～104.89（W07）ng/L。两个航次均在个别站位有多氯联苯的检出，其中两个航次检出多氯联苯总质量浓度最高的均为 W07 站位，其他站位检出的多氯联苯总质量浓度低于 22ng/L。

在泉州湾浅海潮下带表层水体中，秋季航次仅在 QZ04 站位检出单种 PCB 单体，浓度为 2.94ng/L。春季航次除 QZ04 站位中无多氯联苯检出外，其他站位均有检出，春季航次 PCBs 总质量浓度为 ND～78.84ng/L，其中 QZ10 总质量浓度最高，其他站位都低于 10ng/L。具体见图 3-19 和图 3-20。

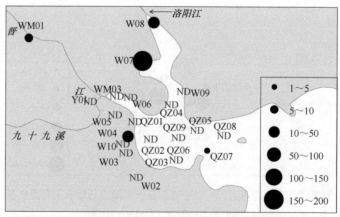

图 3-19　泉州湾及周边陆源污染源水体中 PCB 含量分布（2008 年 11 月航次）（ng/L）

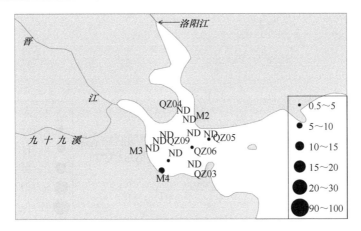

图 3-20　泉州湾及周边陆源污染源水体中 PCB 含量分布（2009 年 3 月航次）（ng/L）

3.5.2　表层沉积物

在泉州湾 3 条潮间带断面表层沉积物中，秋季航次在 2 个断面检出多氯联苯，其中 M4-2 检出 2 种多氯联苯单体，总质量浓度为 9.12ng/g，M4-3 检出 1 种单体，浓度为 2.51ng/g。春季航次在所有检测的断面、站位都有检出，共检出 3 种单体，总质量浓度为 7.49（M2-3）～29.15ng/g（M4-2）。在泉州湾浅海潮下带表层沉积物中，秋季航次仅在 QZ05、QZ06 检出同一种多氯联苯单体，浓度分别为 0.57ng/g、2.17ng/g，春季航次仅在 QZ06 检出 1 种单体，浓度为 1.11ng/g。具体见图 3-21 和图 3-22。

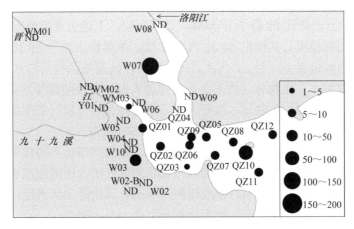

图 3-21　泉州湾表层沉积物中 PCB 含量分布（2008 年 11 月航次）（ng/g，干重）

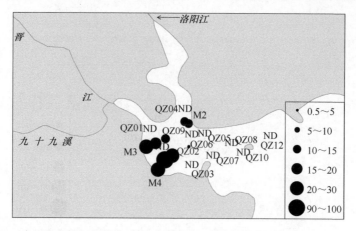

图 3-22　泉州湾表层沉积物中 PCB 含量分布（2009 年 3 月航次）（ng/g，干重）

3.5.3　生物体

在泉州湾检测的缢蛏组织中，两个航次均检出相同的 2 种多氯联苯单体，秋季秀涂、蚶江断面多氯联苯总量（湿重）分别为 22.82ng/g、26.02ng/g，春季分别为 25.70ng/g、30.17ng/g。

3.6　小　　结

在本调查中，结合泉州湾及其周边工业区排污特点，预检多环芳烃、邻苯二甲酸酯、芳香胺、农药及多氯联苯等美国和/或欧盟优先控制的五大类持久性有机污染物（POP），共计 98 种 POP 单体。结果表明，上述五大类 POP 在泉州湾及周边环境中均有检出，共检出 64 种 POP 单体，单体检出率为 65.3%。沉积物中检出的单体种类最多（54 种），其次是周边入海江河及陆源排污口水体（51 种）、浅海水体（27 种）、生物体（17 种）。在周边入海江河及陆源排污口水体、浅海潮下带水体、沉积物、生物体（缢蛏）中五大类持久性有机污染物的平均总质量浓度分别为 513.7ng/L、234.3ng/L、838.9ng/g、69.6ng/g。

根据各类有机污染物所占总浓度比例情况，泉州湾周边入海江河及陆源排污口水体中以多环芳烃和农药居高，两种污染物的浓度所占比例超过 95%；沉积物中则主要为邻苯二甲酸酯，所占浓度比例为 56%，其次是多环芳烃，占 35%；生物体中主要是多氯联苯和农药，浓度比例分别占 38%、35%。

根据各有机污染物的平面分布情况，邻苯二甲酸酯、多环芳烃、芳香胺、多氯联苯具有明显的陆源点源排放特征，农药具有典型的径流输送特征。邻苯二甲酸酯、芳香胺为泉州湾及周边的特征有机污染物，具有明显的陆源点源排放特征，与泉州湾周边晋江、石狮等地近年来迅猛发展的制革、纺织、印染等制造业密切相关。与类似制造业发达的珠江口相比，泉州湾沉积物中 PAEs 污染水平低于珠江口，但仍有部分单体（如 DEHP）含量超过珠江口海域。与九龙江口、大亚湾、香港维多利亚港、旧金山湾等国内外其他海域相比，泉州湾表层沉积物中的 PAHs 处于中等污染水平，主要来自周边人类活动和能源利用过程中石油、煤等高分子有机物的高温不完全燃烧。

由于 POP 对海洋生物毒副作用强而持久，具有致癌、致畸、致突变性及免疫抑制性，甚至造成生殖功能异常，会通过食物链危害海洋生物多样性和海洋生态系统稳定，甚至威胁公众健康，需要引起足够的重视。

4 泉州湾生态浮标定点连续综合观测

4.1 浮标设计、选点与布放

浮标布放日期：泉州湾湾内（QZ09：24°50′31.80″N，118°41′59.40″E）和湾口（QZ10：24°49′21.45″N，118°45′49.70″E）两个生态浮标分别于 2008 年 8 月 22 日、2008 年 12 月 2 日布放。

湾内浮标主要监测参数：亚硝酸盐、硝酸盐、活性磷酸盐、表层温度、电导率、pH、溶解氧（DO）、盐度、叶绿素 a、蓝绿藻浓度等，监测数据从 2008 年 8 月 22 日至 2010 年 4 月 6 日，表层温度、pH、溶解氧、电导率、叶绿素 a 每半小时监测一次，亚硝酸盐、硝酸盐和活性磷酸盐每 4 个小时监测一次。

湾口浮标主要监测参数：表层温度、pH、DO、盐度、叶绿素 a 等，监测数据从 2008 年 12 月 2 日至 2010 年 4 月 6 日，每小时监测一次。

湾内和湾口两个浮标分别委托厦门道迪科技有限公司和国家海洋局厦门海洋环境监测中心站崇武海洋监测站维护。生态监测浮标的检测方法如表 4-1 所示。

表 4-1 自动监测仪器分析方法

序号	项目	分析方法
1	硝酸盐	镉柱还原法
2	活性磷酸盐	磷钼蓝分光光度法
3	温度	热敏电阻法
4	pH	玻璃复合电极法
5	DO	荧光法
6	盐度	由电导率计算得出
7	叶绿素 a	体内（在浮游生物/藻类体内）荧光法
8	蓝绿藻	荧光法（使用蓝绿藻荧光值计算蓝绿藻浓度）

4.2 生态浮标海上调试与维护

2008 年 8 月 22 日在泉州湾湾内投放生态浮标，具体维护内容包括浮标体维护、多参数水质仪维护、营养盐在线监测仪维护。维护时间自 2008 年 8 月 24 日至 2009 年 8 月 20 日，为期一年。维护频率一般每月 1 次，遇到数据异常或类似特殊情况，在第一时间赴现场开展维护工作。具体维护记录如表 4-2 所示。

表 4-2　泉州湾生态浮标维护记录

维护时间	维护缘由	维护内容
2008-09-05	DO、pH 两参数数据不稳定，营养盐探头数据偏移	校准，清洗叶绿素 a 探头、营养盐探头校准
2008-10-22	DO、pH 两参数数据不稳定	校准
	叶绿素 a 传感器转刷长满海草	清洗
	营养盐探头数据偏移	营养盐探头校准
2008-10-29	仪器表面及传感器表面附着较多的藤壶及海洋藻类。亚硝酸盐探头无数据	清除海洋生物，先用海水洗净仪器，后用蒸馏水清洗，重点清洗 pH 与温盐传感器，维护亚硝酸盐探头，检查各显色剂管路
2008-12-16	DO 转刷较脏，停位正常，pH 参数数据不稳定，叶绿素 a 探头脏，营养盐探头数据偏移	清洗，校准
2008-12-31	pH 探头附着藤壶钙质物，报废	更换 pH 探头
2009-01-17	营养盐探头数据偏移	营养盐探头校准
2009-03-11	营养盐探头数据略微偏移	营养盐探头校准
2009-03-30	浮标移位	出海复位
2009-04-20	例行维护	各管路清洗
2009-06-01	例行维护	校准
2009-06-08	营养盐探头数据略微偏移	营养盐探头校准
2009-08-19	DO、叶绿素 a 探头转刷问题，营养盐探头盐结晶	带回实验室处理
2009-08-20	DO、叶绿素 a 探头转刷问题，营养盐探头盐结晶	重新投放，清理、校准、更换试剂

4.3　生态浮标数据质量控制与管理

两个生态浮标的比对主要通过两种方式：一种是通过在浮标布设位置现场采集海水样品带回实验室分析，与浮标实时数据进行比对；另一种是与生态浮标邻近海域相应环境监测数据进行比较。

4.3.1　实验室现场分析与生态浮标比对

2008 年 12 月 17 日和 2009 年 3 月 6 日，分别在两浮标站点采样，通过实验室现场分析与两生态浮标实时数据进行比对，比对参数包括：亚硝酸盐、活性磷酸盐、硝酸盐、DO、盐度、pH、叶绿素 a、表层水温等。

2008 年 12 月 17 日湾内生态浮标与实验室数据比对结果表明，实验室监测参数中盐度、亚硝酸盐含量、硝酸盐含量、水温、pH、DO 含量与浮标数据相差较小，而两者间叶绿素 a 和活性磷酸盐含量相差较大。湾口生态浮标与实验室数据比对结果表明，实验室监测参数中盐度、水温、表层叶绿素 a 含量在浮标数据范围变化内，pH、DO 含量与浮标数据相差较小，详见表 4-3。

表 4-3　2008 年 12 月现场监测与浮标实时数据对比

参数	湾内		湾口	
	现场数据	浮标数据	现场数据	浮标数据
监测时间	11:13	11:02	16:58	17:00
水温（℃）	15.10	16.69	16.10	16.41
pH	7.87	7.92	7.75	8.10
盐度	22.50	22.57	30.30	30.40
DO（mg/L）	8.27	7.62	8.18	7.20
活性磷酸盐（mg/L）	0.06	0.0395	0.03	无此探头
亚硝酸盐氮（mg/L）	0.0936	0.0953	0.0148	无此探头
硝酸盐氮（mg/L）	0.660	0.655	0.274	无此探头
表层叶绿素 a（μg/L）	1.12	2.3	1.37	1.20

2009 年 3 月 6 日湾内生态浮标中水温、pH、盐度、DO 及叶绿素 a 和实验室现场监测数据差别不大，而营养盐探头出现异常。湾口除叶绿素 a 和 DO 探头跟实验室监测数据相差比较大以外，其他探头均正常，详见表 4-4。

表 4-4　2009 年 3 月现场监测与浮标实时数据对比

参数	湾内		湾口	
	现场数据	浮标数据	现场数据	浮标数据
监测时间	8:26	8:31	10:58	11:00
水温（℃）	14.8	13.97	14.9	14.62
pH	8.12	8.15	8.14	8.10
盐度	29.48	29.24	30.19	29.8
DO（mg/L）	8.05	8.10	8.15	3.6
活性磷酸盐（mg/L）	0.041	0.017	0.036	无此探头
亚硝酸盐氮（mg/L）	0.046	1.231	0.0328	无此探头
硝酸盐氮（mg/L）	0.360	1.255	0.307	无此探头
叶绿素 a（μg/L）	1.6	1.6	2	4.2

4.3.2　与浮标邻近海域监测数据比较

根据 2008～2009 年福建省主要海湾（泉州湾）环境质量监测结果，筛选泉州湾内与浮标邻近 3 个站位水文和水质的监测数据与浮标数据进行比对，其中

QZ05、QZ06 两个站位与湾内浮标（QZ09）邻近，QZ08 与湾口浮标（QZ10）邻近。选取的比对参数包括水温、pH、盐度、DO、活性磷酸盐、亚硝酸盐、硝酸盐、表层叶绿素 a 等。

2008 年 9 月 20 至 11 月 20 日，通过对湾内浮标数据与福建省主要海湾环境质量数据进行点对点比对分析，湾内浮标中 pH、水温、DO、硝酸盐等浮标参数与现场海湾数据相差较小，而盐度、活性磷酸盐、亚硝酸盐、叶绿素 a 探头数据与现场海湾有一定差异。2009 年 5 月 24 日和 8 月 6 日大部分现场船基监测指标数值均与湾内和湾口浮标实时观测数据相符，仅有 2009 年 8 月 6 日硝酸盐监测数据与湾内浮标相差较大；在 2009 年 11 月 21 日，湾内浮标中 pH、营养盐数据与现场监测相差较大，湾口浮标 DO 探头与现场监测数据相差较大。具体如表 4-5～表 4-10 所示。

表 4-5 与浮标邻近海域监测数据（2008 年 9 月 20 日）进行比较

参数	QZ05	QZ06	湾内浮标（QZ09）	
监测时间	9:29	13:50	9:30	14:00
水温（℃）	29.4	29.3	33.25	31.33
pH	7.67	7.64	7.53	8.01
盐度	16.3	28.1	11.56	22.50
DO（mg/L）	6.6	6.16	3.46	6.14
活性磷酸盐（mg/L）	0.0534	0.0342	0.0046	非采集时间点
亚硝酸盐氮（mg/L）	0.0614	0.0373	0.003	非采集时间点
硝酸盐氮（mg/L）	1.528	0.56	0.504	非采集时间点
叶绿素 a（μg/L）	4.45	5.53	11.6	12.8

表 4-6 与浮标邻近海域监测数据（2008 年 10 月 20 日）进行比较

参数	QZ05	QZ06	湾内浮标（QZ09）	
监测时间	9:51	11:21	10:00	11:00
水温（℃）	24.5	24.4	26.53	26.84
pH	7.57	7.55	7.70	7.83
盐度	20.0	23.8	11.0	14.7
DO（mg/L）	6.51	6.50	6.28	6.79
活性磷酸盐（mg/L）	0.0536	0.0517	0.0046	非采集时间点
亚硝酸盐氮（mg/L）	0.1357	0.1043	0.003	非采集时间点
硝酸盐氮（mg/L）	0.700	0.588	0.504	非采集时间点
叶绿素 a（μg/L）	1.12	1.04	11.2	非采集时间点

表 4-7   与浮标邻近海域监测数据（2008 年 11 月 20 日）进行比较

参数	QZ05	QZ06	湾内浮标（QZ09）
监测时间	10:58	10:40	11:02
水温（℃）	18.2	17.6	15.04
pH	7.66	7.7	7.62
盐度	24.2	19.7	17.78
DO（mg/L）	7.66	8.04	7.92
活性磷酸盐（mg/L）	0.04	0.0071	0.0682
亚硝酸盐氮（mg/L）	0.11	0.15	0.0732
硝酸盐氮（mg/L）	0.77	0.45	0.545
叶绿素 a（μg/L）	2.57	2.81	2.5

表 4-8   与浮标邻近海域监测数据（2009 年 5 月 24 日）进行比较

参数	QZ05	QZ06	湾内浮标（QZ09）		QZ08	湾口浮标（QZ10）
监测时间	11:02	8:40	10:37	14:37	10:09	10:00
水温（℃）	23.3	23.3	22.22	27.63	22.9	22.6
pH	8.14	8.12	8.02	8.46	8.16	8.10
盐度	32.3	32.2	30.4	31.12	33	31.0
DO（mg/L）	6.91	6.72	4.21	6.77	6.72	4.70
活性磷酸盐（mg/L）	0.005 8	0.007 1	0.004 73	0.034 4	0.004 5	无此探头
亚硝酸盐氮（mg/L）	0.014 2	0.017 6	0.006	0.018 7	0.008 7	无此探头
硝酸盐氮（mg/L）	0.364	0.098	0.129	0.294	0.052	无此探头
叶绿素 a（μg/L）	/	2.47	1.10	29.8	2.28	3.5

表 4-9   与浮标邻近海域监测数据（2009 年 8 月 6 日）进行比较

参数	QZ05	QZ06	湾内浮标（QZ09）	QZ08	湾口浮标（QZ10）
监测时间	9:54	10:05	10:00	9:18	09:00
水温（℃）	29.2	29.2	28.23	28.2	29.29
pH	7.98	8.05	7.70	8.09	8.10
盐度	29.3	29.3	29.42	23.7	无数据
溶解氧（mg/L）	6.31	6.78	6.31	6.2	6.50
活性磷酸盐（mg/L）	0.0164	0.0169	0.0654	0.0121	无此探头
亚硝酸盐氮（mg/L）	0.0403	0.0431	0.0715	0.0219	无此探头
硝酸盐氮（mg/L）	0.022	0.109	0.269	0.065	无此探头

表 4-10　与浮标邻近海域监测数据（2009 年 11 月 21 日）进行比较

参数	QZ05	QZ06	湾内浮标（QZ09）		QZ08	湾口浮标（QZ10）
监测时间	7:35	8:49	7:30	8:30	10:58	11:00
水温（℃）	17.1	17.1	14.44	14.90	17.9	17.51
pH	7.76	7.74	8.59	8.57	7.74	7.9
盐度	21.2	22.5	20.44	20.73	29.6	29.8
DO（mg/L）	7.33	7.20	6.70	6.50	7.83	11.5
活性磷酸盐（mg/L）	0.0763	0.0720	0.0100	未采集	0.0352	无此探头
亚硝酸盐氮（mg/L）	0.1529	0.1340	0.0046～0.0060	未采集	0.0398	无此探头
硝酸盐氮（mg/L）	1.563	1.489	0.204～0.213	未采集	0.29	无此探头

4.4　生态浮标定点连续综合观测结果[①]

4.4.1　水温

从 2008 年 8 月 22 日至 2010 年 4 月 6 日，湾内浮标（QZ09）日变化及季节变化明显，月平均水温呈明显波浪式前进变化，月平均水温变化范围为 12.8～29.9℃，均值为 21.2℃（图 4-1、图 4-14）。2008 年 12 月 2 日至 2010 年 4 月 6 日，湾口浮标（QZ10）月平均水温变化趋势同湾内浮标，变化范围为 12.9～28.5℃，均值为 18.4℃，见图 4-14。由于装备故障、维护不及时等原因，湾内浮标、湾口浮标的温度探头分别在 2009 年 12 月 11～31 日、2009 年 7 月工作异常，数据不稳定。两个浮标表层水温详细变化趋势见图 4-15。

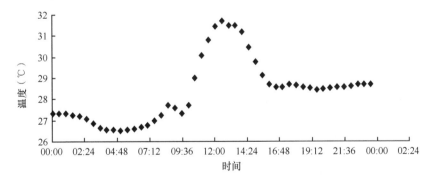

图 4-1　2008 年 8 月 23 日水温日变化（QZ09）

---

①　为便于排版，本节图 4-14 至图 4-29 统一列于本节后

4.4.2 叶绿素 a

湾内浮标（QZ09）叶绿素 a 日变化趋势与温度相似（图 4-2），叶绿素 a 月平均变化呈季节波动，变化范围为 5.20～8.50μg/L，均值为 6.9μg/L；湾口浮标（QZ10）叶绿素 a 变化范围为 3.77～14.57μg/L，均值为 8.45μg/L。湾内浮标叶绿素 a（按月取均值）最小值和最大值分别出现在冬季和秋季；湾口浮标波动较大，季节变化不明显，见图 4-16。湾口浮标叶绿素 a 探头不稳定，2009 年 7 月整月发生异常。详细变化趋势如图 4-17 所示。

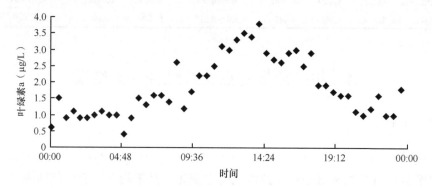

图 4-2　2008 年 8 月 23 日叶绿素 a 日变化（QZ09）

4.4.3 盐度

湾内浮标监测结果表明，湾内浮标表层盐度每天有两个峰值，且出现时间段相近（图 4-3），月平均盐度变化呈波浪式前进，变化范围为 18.7～28.2，均值为 23.9。湾口浮标（QZ10）盐度变化趋势与湾内相近，变化范围为 5.4～30.1，均值为 21.0(图 4-18)。湾内浮标的盐度探头在 2009 年 1 月 1～22 日、2009 年 12 月 6～30 日出现异常，湾口浮标的盐度探头在 2009 年 7 月发生异常（图 4-19）。

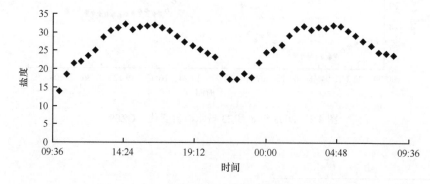

图 4-3　2008 年 8 月 22 日盐度日变化（QZ09）

4.4.4　pH

　　湾内和湾口两浮标监测结果表明，pH 变化比较平稳，日变化趋势同盐度，见图 4-4。湾内和湾口月平均 pH 变化范围分别为 7.53～8.58 和 7.77～8.17，均值分别 8.11 和 8.00，见图 4-20。湾内浮标在 2008 年 12 月 15 日至 2009 年 1 月 18 日和 2009 年 12 月 7～31 日，pH 探头出现异常；湾口浮标在 2009 年 7 月发生异常。详细变化趋势如图 4-21 所示。

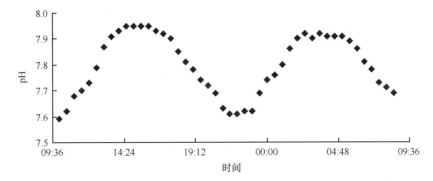

图 4-4　2008 年 8 月 22 日 pH 日变化（QZ09）

4.4.5　溶解氧

　　湾内浮标监测结果表明，溶解氧日变化趋势同盐度、pH（图 4-5），月平均溶解氧变化呈明显季节变化，变化范围为 5.20～8.50mg/L，均值为 6.9mg/L；湾口浮标监测结果表明，溶解氧变化范围为 3.77～14.57mg/L，均值为 8.45mg/L。湾内月平均溶解氧最小值和最大值分别出现在夏季和冬季，湾口浮标月平均溶解氧最小值和最大值分别出现在冬季和春季，见图 4-22。湾内浮标在 2009 年 12 月 7～31日，溶解氧探头出现异常；湾口浮标溶解氧探头均不稳定，2009 年 7 月整月发生异常。详细变化趋势如图 4-23 所示。

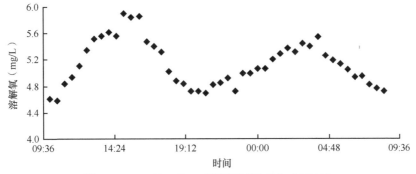

图 4-5　2008 年 8 月 22 日溶解氧日变化（QZ09）

4.4.6 营养盐（硝酸盐、亚硝酸盐、活性磷酸盐）

仅湾内浮标（QZ09）配备营养盐探头。湾内浮标硝酸盐、亚硝酸盐、活性磷酸盐的周变化、月变化及季节变化详见图4-6～图4-13。

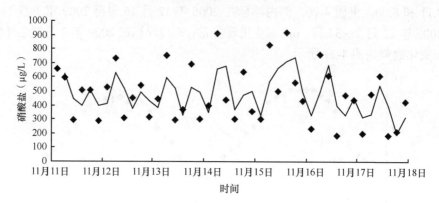

图 4-6　2008 年 11 月硝酸盐周变化（QZ09）

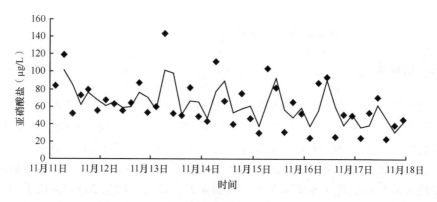

图 4-7　2008 年 11 月亚硝酸盐周变化（QZ09）

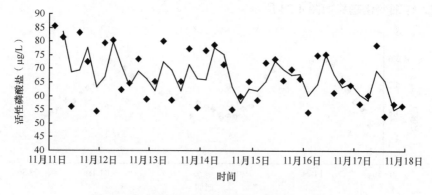

图 4-8　2008 年 11 月活性磷酸盐周变化（QZ09）

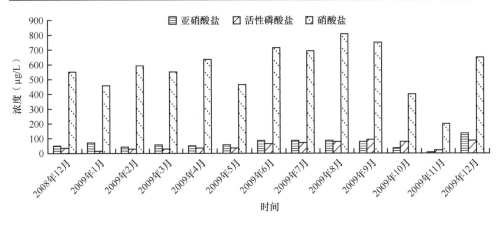

图 4-9 2008 年 12 月至 2009 年 12 月营养盐月平均变化（QZ09）

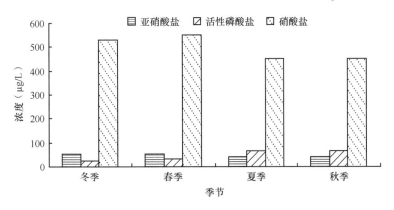

图 4-10 2009 年营养盐季节变化（QZ09）

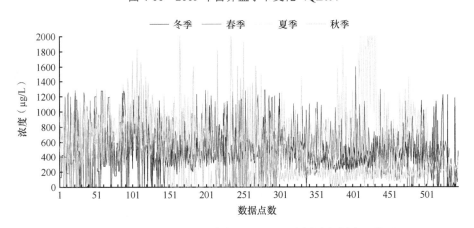

图 4-11 2009 年硝酸盐季节变化（QZ09）（彩图请扫封底二维码）

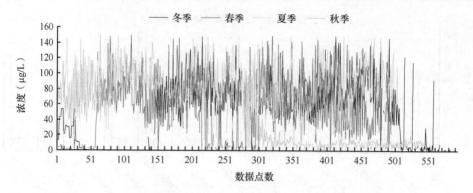

图 4-12　2009 年亚硝酸盐季节变化（QZ09）（彩图请扫封底二维码）

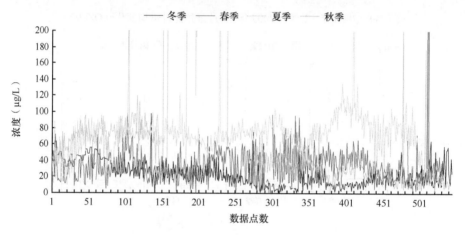

图 4-13　2009 年活性磷酸盐季节变化（QZ09）（彩图请扫封底二维码）

　　硝酸盐氮月平均变化范围为 203.57～810.13μg/L，均值为 560.04μg/L，硝酸盐氮月平均最小值和最大值分别出现在秋季和夏季，见图 4-24。硝酸盐探头在以下日期出现异常：2009 年 9 月 26 日至 10 月 18 日、2009 年 12 月 22 日至 2010年 1 月 19 日、2010 年 1 月 27 日至 2 月 12 日，见图 4-25。

　　亚硝酸盐氮月平均变化范围为 8.78～205.96μg/L，均值为 67.62μg/L，最小值和最大值分别出现在秋季和冬季，见图 4-26。2008 年 10 月 17～29 日、2008 年12 月 2～17 日、2009 年 5 月 25 日至 6 月 9 日、2009 年 9 月 25 日至 10 月 4 日，亚硝酸盐探头出现异常，2009 年 12 月 3 日后，亚硝酸盐数据波动较大，见图 4-27。

　　活性磷酸盐月平均变化范围为 13.10～95.70μg/L，均值为 47.36μg/L，月平均活性磷酸盐最小值和最大值分别出现在冬季和秋季，见图 4-28。2009 年 9 月 26日至 10 月 18 日、2009 年 12 月 4 日至 2010 年 2 月 11 日，活性磷酸盐探头出现异常，见图 4-29。

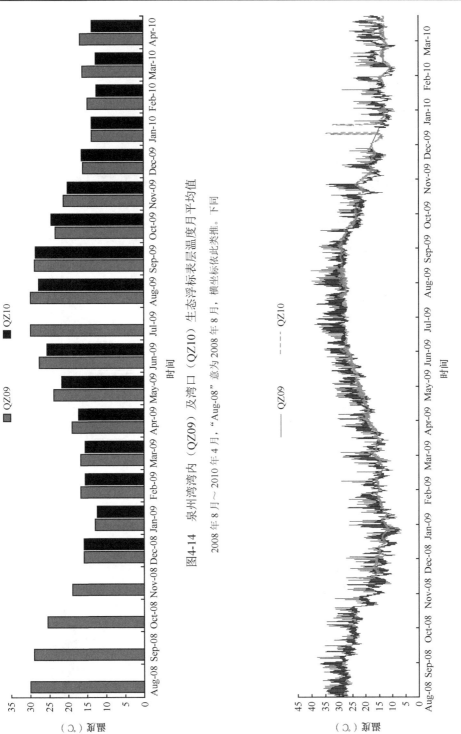

图4-14 泉州湾湾内（QZ09）及湾口（QZ10）生态浮标表层温度月平均值

2008 年 8 月～2010 年 4 月，"Aug-08" 意为 2008 年 8 月，横坐标依此类推。下同

图4-15 泉州湾湾内（QZ09）及湾口（QZ10）生态浮标表层温度实时数据（彩图请扫封底二维码）

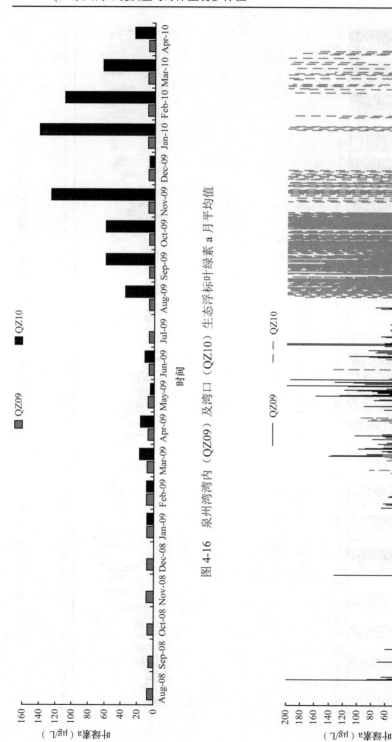

图 4-16 泉州湾湾内（QZ09）及湾口（QZ10）生态浮标叶绿素 a 月平均值

图 4-17 泉州湾湾内（QZ09）及湾口（QZ10）生态浮标叶绿素 a 实时数据（彩图请扫封底二维码）

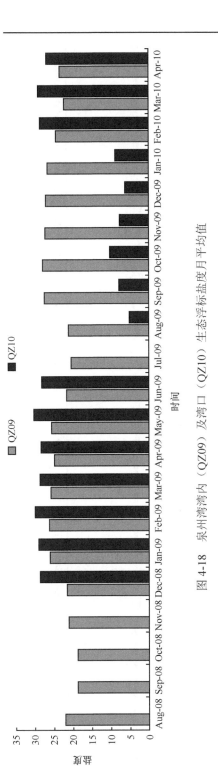

图 4-18 泉州湾湾内 (QZ09) 及湾口 (QZ10) 生态浮标盐度月平均值

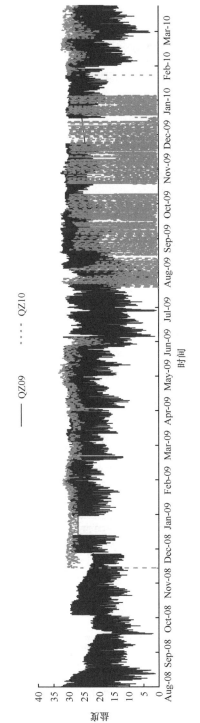

图 4-19 泉州湾湾内 (QZ09) 及湾口 (QZ10) 生态浮标盐度实时数据 (彩图请扫封底二维码)

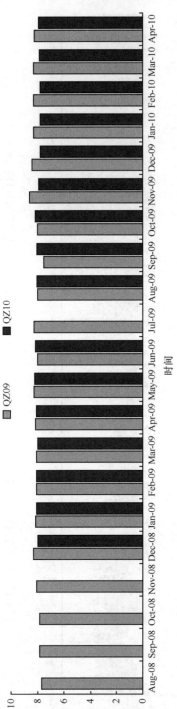

图 4-20 泉州湾湾内（QZ09）及湾口（QZ10）站位生态浮标 pH 月平均值

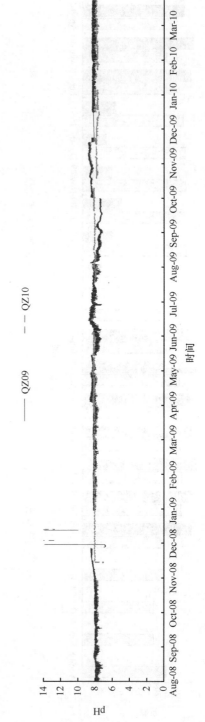

图 4-21 泉州湾湾内（QZ09）及湾口（QZ10）生态浮标 pH 实时数据（彩图请扫封底二维码）

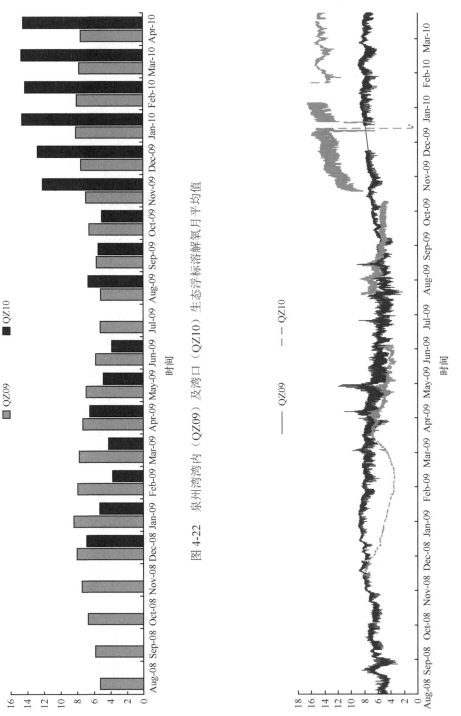

图 4-22 泉州湾湾内（QZ09）及湾口（QZ10）生态浮标溶解氧月平均值

图 4-23 泉州湾湾内（QZ09）及湾口（QZ10）生态浮标溶解氧实时数据（彩图请扫封底二维码）

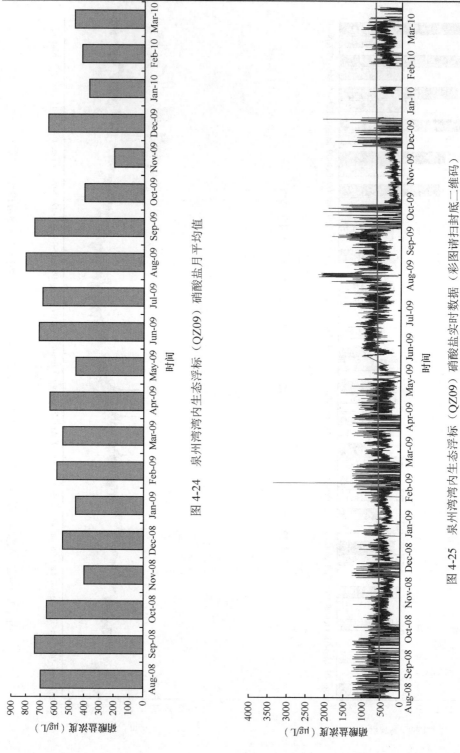

图 4-24　泉州湾湾内生态浮标（QZ09）硝酸盐月平均值

图 4-25　泉州湾湾内生态浮标（QZ09）硝酸盐实时数据（彩图请扫封底二维码）
红线为无机氮四类海水水质标准限值（45µg/L）

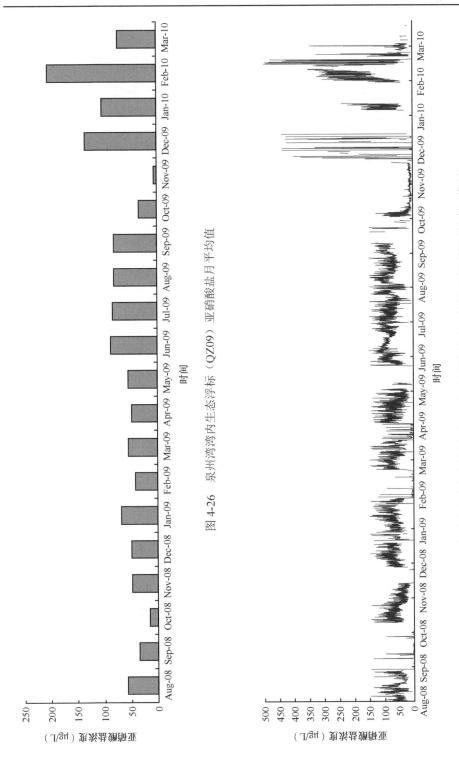

图 4-26　泉州湾湾内生态浮标（QZ09）亚硝酸盐月平均值

图 4-27　泉州湾湾内生态浮标（QZ09）亚硝酸盐实时数据（彩图请扫封底二维码）

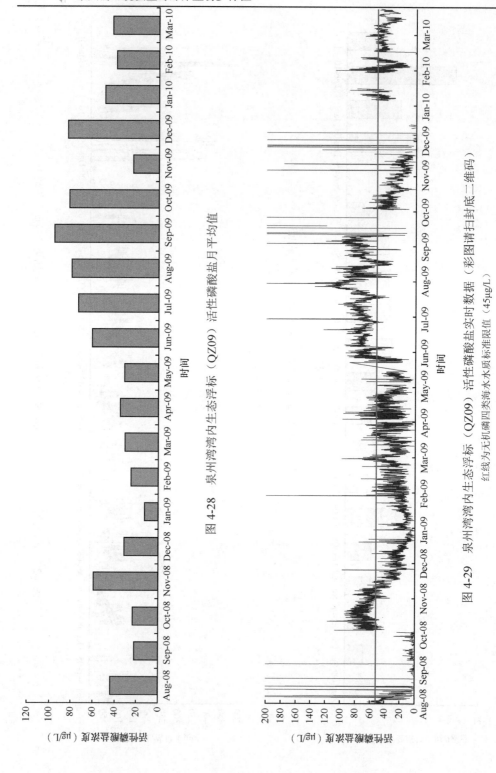

图 4-28 泉州湾湾内生态浮标（QZ09）活性磷酸盐月平均值

图 4-29 泉州湾湾内生态浮标（QZ09）活性磷酸盐实时数据（彩图请扫封底二维码）

红线为无机磷四类海水水质标准限值（45μg/L）

4.4.7　小结

　　通过两台生态浮标在线监测数据表明,泉州湾海域 pH 能保持相对稳定,表层温度、盐度、溶解氧含量、叶绿素 a 含量具有明显的季节变化。水体富营养化严重,活性磷酸盐、无机氮超标。两台生态浮标的实验室现场分析和主要海湾环境质量监测结果的数据比对表明,浮标数据具有一定的可信性;从两个浮标运行总体情况来看,两个浮标水温、盐度、pH、溶解氧探头稳定性相对较好,数据可信性高,营养盐探头中活性磷酸盐、亚硝酸盐探头运行相对稳定,硝酸盐探头和叶绿素 a 探头需要较高的维护频率。

5 泉州湾环境质量存在的主要问题

5.1 泉州湾无机氮、活性磷酸盐等营养盐严重超标

20 世纪 80 年代中期,泉州湾水体中无机氮含量符合国家一类海水水质标准,90 年代末以前,无机磷含量符合国家一类海水水质标准。近 10 年来,泉州湾无机氮和无机磷含量呈持续上升趋势。至 2008 年,泉州湾水体中营养盐含量已处于严重超标状态,整个海湾无机氮和活性磷酸盐平均含量分别达到了 1.671mg/L 和 0.053mg/L,均为四类海水水质标准,分别是 1984 年的 15 倍和 7 倍。湾内生态浮标连续观测数据较好地体现了无机氮(仅统计硝酸盐)和活性磷酸盐的实时超标情况。具体参见表 5-1 及图 2-33、图 2-36、图 4-25、图 4-29。

5.2 泉州湾表层水体石油类超标

从 20 世纪 80 年代后期到 2005 年(除 1998 年),泉州湾表层水体石油类总体保持较低水平,2008 年泉州湾表层水体石油类平均含量为 0.068mg/L,历年最高,由一类海水水质标准下降到三类。具体图 2-39。

5.3 泉州湾沉积物环境要素随时间推移而逐步升高

2008 年泉州湾表层沉积物中硫化物、石油类、铅、镉含量存在不同程度的超标,超标率为分别为 22.7%、27.3%、22.7%、13.6%;表层沉积物主要超标污染物为锌、铜,超标率分别为 63.6% 和 40.9%。与 1989 年相比,泉州湾石油类、铜、铅、镉、锌等环境要素均随时间推移而逐渐升高,其中石油类和镉分别是 1989 年的 32 倍和 3.5 倍。具体参见图 5-1 及表 5-1。

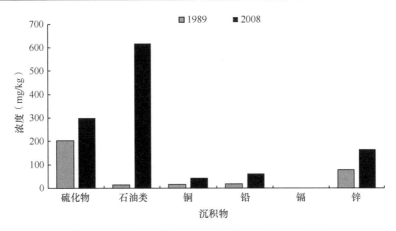

图 5-1　沉积物中硫化物、石油类、重金属年际变化

5.4　泉州湾及周边环境中存在特征性持久有机污染物

本研究共检测多环芳烃、邻苯二甲酸酯、芳香胺、农药及多氯联苯等五大类持久性有机物 98 种单体，上述五大类 POPs 在泉州湾及周边环境中均有检出，共检出 64 种单体，检出率 65.3%。泉州湾表层沉积物中检出的单体种类最多（54种），其次是周边陆源江河与排污口水体（51 种）、浅海水体（27 种）、生物体（17种）（表 5-2）。其中邻苯二甲酸酯、芳香胺为泉州湾及周边的特征有机污染物，具有明显的陆源点源排放特征，与泉州湾周边晋江、石狮等地内近年来迅猛发展的制革、纺织、印染等制造业密切相关。由于 POP 对海洋生物毒副作用强而持久，会通过食物链危害海洋生物多样性和海洋生态系统稳定，甚至威胁公众健康，需要引起足够的重视。

5.5　生物体质量部分要素为三类海洋生物质量标准

2008 年泉州湾主要经济养殖生物缢蛏中主要污染物为石油烃，含量变化范围为 126～178mg/kg，均值为 152mg/kg，为三类海洋生物质量标准。具体参见表 5-1。

表 5-1 2008～2009 年泉州湾及周边主要环境质量状况汇总表

调查指标	泉州湾介质	单位	浓度范围	均值	质量标准类别	对应标准定值	重点超标区域
硫化物	浅海表层水体	mg/L	0.000 29~0.000 35	0.000 32	第一类标准	≤0.05	无
	沉积物	mg/kg	23.0~735	203.4	第一类标准	≤300	无
总氮	江河/排污口水体	mg/L	0.846~22.6	7.38	无相应标准	无相应标准	无相应标准
	浅海表层水体	mg/L	0.508~2.13	1.20	无相应标准	无相应标准	无相应标准
	沉积物	mg/kg	555~1390	1004	无相应标准	无相应标准	无相应标准
总磷	江河/排污口水体	mg/L	0.087~1.72	0.58	无相应标准	无相应标准	无相应标准
	浅海表层水体	mg/L	0.140~0.213	0.189	无相应标准	无相应标准	无相应标准
	沉积物	mg/L	0.087~1.72	0.580	无相应标准	无相应标准	无相应标准
石油类（烃）	江河/排污口水体	mg/L	0.013 0~5.02	1.06	第一类标准	≤10	乌屿西闸、水头十一孔闸
	浅海表层水体	μg/L	6.00~216.4	68.3	第三类标准	≤50	石湖码头和晋江入海口附近海域
	沉积物	mg/kg	35.2~1760	421	第一类标准	≤500.0	无
	生物体	mg/kg	126~178	152	浓度高于第三类标准	≤80.0	蚶江断面、秀涂断面
无机氮	浅海表层水体	mg/L	0.630~3.432	1.671	浓度高于第四类标准	≤0.50	所有调查站位，晋江入海口附近最高
活性磷酸盐	浅海表层水体	mg/L	0.021~0.227	0.053	浓度高于第四类标准	≤0.045	所有调查站位，晋江入海口附近最高
化学需氧量	江河/排污口水体	mg/L	7.02~235	51.6	第一级标准	≤100	彩虹沟、水头十一孔闸
	浅海表层水体	mg/L	0.18~3.42	1.6	第一类标准	≤2.0	无
铜	江河/排污口水体	μg/L	0.001 66~0.050	0.008 44	第一级标准	≤0.5	无
	浅海表层水体	μg/L	1.70~2.24	1.95	第一类标准	≤5.0	秀涂断面、蚶江断面
	沉积物	mg/kg	14.9~75	37.2	第二类标准	35~100	秀涂断面、蚶江断面
	生物体	mg/kg	11.5~13.2	12.4	第二类标准	10~25	蚶江断面
锌	江河/排污口水体	mg/L	ND~0.026 6	0.007 34	第一级标准	≤2.0	无
	浅海表层水体	μg/L	ND~4.10	2.56	第一类标准	≤20	无

续表

调查指标	泉州湾介质	单位	浓度范围	均值	质量标准类别	对应标准定值	重点超标区域
锌	沉积物	mg/kg	94.7~233	160	第二类标准	150~350	蚶江、陈埭断面，石湖码头附近海域
	生物体	mg/kg	15~22.1	18.6	第一级标准	≤20.0	蚶江断面
铅	江河/排污口水体	mg/L	0.000 274~0.001 31	0.000 642	第一类标准	≤1.0	无
	浅海表层水体	μg/L	0.135~0.891	0.424	第一类标准	≤1.0	无
	沉积物	mg/kg	45.8~80.7	58.5	第一类标准	≤60.0	无
	生物体	mg/kg	0.728~1.23	0.979	第二类标准	0.1~2.0	秀涂断面、蚶江断面
镉	江河/排污口水体	mg/L	ND~0.000 015 3	/	第一级标准	≤0.1	无
	浅海表层水体	μg/L	0.019 8~0.060 1	0.032 6	第一类标准	≤1.0	无
	沉积物	mg/kg	0.166~0.653	0.278	第一类标准	≤0.50	无
	生物体	mg/kg	0.085 4~0.098 7	0.092	第二类标准	≤0.20	无
砷	江河/排污口水体	mg/L	0.000 358~0.002 36	0.001 12	第一级标准	≤0.5	无
	浅海表层水体	μg/L	0.642~1.15	0.952	第一类标准	≤20	无
	沉积物	mg/kg	7.3~10.9	9.32	第一类标准	≤20.0	无
	生物体	mg/kg	1.7~2.0	1.85	第二类标准	1.0~5.0	秀涂断面、蚶江断面
汞	江河/排污口水体	mg/L	ND~0.000 025 5	0.000 011 5	第一级标准	≤0.05	无
	浅海表层水体	μg/L	0.008 8~0.028 5	0.018 7	第一类标准	≤0.50	无
	沉积物	mg/kg	0.083 5~0.194	0.117	第一类标准	≤0.20	无
	生物体	mg/kg	0.008 3~0.014 4	0.011 4	第二类标准	≤0.05	无

注：江河/排污口水体、浅海表层水体、沉积物、生物体分别采用《污水综合排放标准》（GB 8978—1996）、《海水水质标准》（GB 3097—1997）、《海洋沉积物质量》（GB 18668—2002）、《海洋生物质量》（GB 18421—2001）进行评价。浅海表层水体参数中硫化物、总氮、总磷有 2008 年 11 月航次数据

表 5-2 2008～2009 年泉州湾及周边主要海洋环境中持久性有机污染物（POP）污染状况汇总表

POP 种类	泉州湾监测介质	单位	浓度范围	浓度均值	检出单体数量 秋	检出单体数量 春	检出单体数量 合计	主要检出单体	浓度较高区域 秋季	浓度较高区域 春季
16 种 PAHs（全部检出）	江河/排污口水体	ng/L	ND～931.7	282.55	8	16	16	菲、䓛、荧蒽、芘	W03、W04、W06	W02B、W06、W10
	浅海水体	ng/L	ND～274.2	133.99	6	9	9	菲、蒽、䓛、芴、荧蒽、芘	QZ01、QZ08	QZ03、QZ05、QZ11
	浅海沉积物	ng/g	122.5～721.1	261.45	14	14	15	苯并[a]蒽、苯并[a]芘	QZ03、QZ04、QZ09	QZ01、QZ02、QZ03、QZ09
	潮间带沉积物	ng/g	127.6～507.3	298.55	14	15	15	菲、䓛、荧蒽、芘、苯并[a]蒽	M2-3、M4-4	M3-2、M4-2
	生物体	ng/g	1.57～19.70	9.71	3	3	3	芴、菲、芘	水头断面	秀涂断面
16 种 PAEs（检出 15 种）	江河/排污口水体	μg/L	0.034～24.50	2.79	14	14	14	DMP、DEP、DiBP、DnBP、DEHP	W02、W03、W06、W07	W02、W03、W07
	浅海水体	μg/L	0.039～0.297	0.11	14	10	14	DMP、DEP、DiBP、DnBP、DEHP	无	无
	浅海沉积物	ng/g	173.4～1071.0	435.45	9	8	9	DMP、DEP、DiBP、DnBP、DEHP	M4-2	M4-2
	潮间带沉积物	ng/g	180.8～1468.0	508.85	9	9	9	DMP、DEP、DiBP、DnBP、DEHP	QZ03	QZ03
	生物体	ng/g	5.2～14.0	9.40	5	5	5	DMP、DEP、DiBP、DnBP、DEHP	水头断面	水头断面
25 种芳香胺（检出 7 种）	浅海沉积物	ng/g	0.82～9.00	2.72	2	2	2	苯胺、联苯胺	QZ04、QZ09	QZ03
	潮间带沉积物	ng/g	1.96～34.50	7.27	2	6	6	苯胺、对氯苯胺、联苯胺	M4-2	M4-2
21 种农药（检出 19 种）	江河/排污口水体	ng/L	ND～764.3	213.40	12	13	15	狄氏剂、联苯菊酯、联苯、甲氧菊酯	Y01、W07、W08	W06、W07
	浅海水体	ng/L	35.95～182.5	93.95	3	6	6	DDT、联苯菊酯、联苯、甲氧菊酯	QZ01、QZ04	QZ01、QZ04
	浅海沉积物	ng/g	10.59～108.8	34.10	9	10	12	DDT	QZ09	QZ09
	潮间带沉积物	ng/g	31.39～163.7	80.49	13	14	17	DDT	M3-3、M4-4	M3-2、M4-4
	生物体	ng/g	15.6～31.93	24.30	6	6	7	DDT	水头断面	水头断面

续表

POP种类	泉州湾监测介质	单位	浓度范围	浓度均值	检出单体数量			主要检出单体	浓度较高区域	
					秋	春	合计		秋季	春季
*10 种 PCB（检出 7 种）	江河/排污口水体	ng/L	ND~189.1	14.99	6	3	6	*PCB3、PCB5	W07	W07
	浅海水体	ng/L	ND~78.84	6.26	1	2	2	*PCB1、PCB3	W07	QZ10
	浅海沉积物	ng/g	ND~2.17	0.33	1	1	2	*PCB3、PCB7	QZ05、QZ06	QZ06
	潮间带沉积物	ng/g	ND~93.57	13.69	2	3	4	*PCB1、PCB7	M4-2、M4-3	M4-2、M4-3
	生物体	ng/g	22.82~30.17	26.18	2	2	2	*PCB1、PCB4	水头、秀涂断面	水头、秀涂断面

注：*因未经质谱确认，多氯联苯 PCB1、PCB3、PCB5、PCB7 等尚未分析到具体的单体种类，此处为检测峰编号

6 泉州湾海洋生物多样性

6.1 叶绿素 a

6.1.1 材料与方法

2008 年 5 月、8 月、10 月与 2009 年 3 月对泉州湾进行 4 个航次的调查，5 月、8 月设立 8 个站位，10 月、3 月设立 10 个站位。样品的采集、处理、分析依据《海洋监测规范 第 7 部分：近海污染生态调查和生物监测》（GB 17378.7—2007）、《海洋调查规范 第 6 部分：海洋生物调查》（GB/T 12763.6—2007），测站水深小于 15m 的采集表、底层，水深大于 15m 的采集表、中、底层。样品依据 GB 17378.7—2007 使用分光光度法测定。

6.1.2 叶绿素 a 分布

根据 2008 年 4 个季度的大面调查结果，泉州湾水体叶绿素 a 含量呈现春季＞秋季＞夏季＞冬季的特点。春季（5 月）航次叶绿素 a 含量最高，为 3.96～9.93mg/m³，平均为 5.59mg/m³；秋季（10 月）航次为 2.56～4.45mg/m³，平均 3.36mg/m³；夏季（8 月）叶绿素 a 含量为 2.46～4.64mg/m³，平均 3.28mg/m³；冬季（3 月）航次叶绿素 a 含量最低，为 0.77～2.17mg/m³，平均 1.36mg/m³。

泉州湾 4 个季度叶绿素 a 含量平面分布特点基本一致，均呈现出北高南低的特点，南岸含量较低。晋江与洛阳江入海口区域叶绿素 a 含量较高，其中春、夏、冬三季的叶绿素 a 高值区域均出现在洛阳江入海口处，秋季高值区域出现在晋江入海口处。具体分布情况如图 6-1～图 6-5 所示。

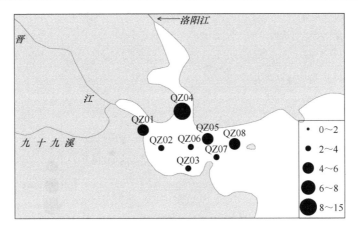

图 6-1 泉州湾叶绿素 a 平面分布（春季）（mg/m³）

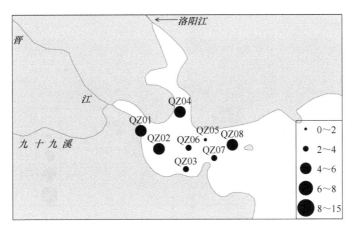

图 6-2 泉州湾叶绿素 a 平面分布（夏季）（mg/m³）

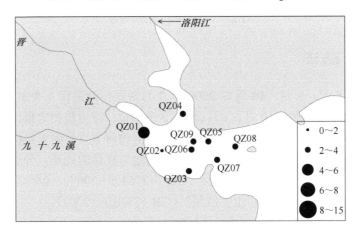

图 6-3 泉州湾叶绿素 a 平面分布（秋季）（mg/m³）

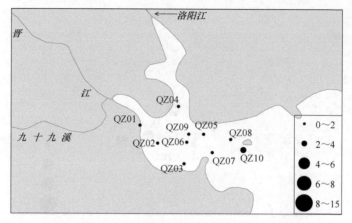

图 6-4　泉州湾叶绿素 a 平面分布（冬季）（mg/m³）

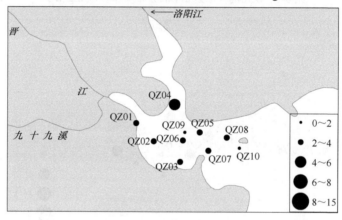

图 6-5　泉州湾全年叶绿素 a 平面分布（mg/m³）

6.2　浮　游　植　物

6.2.1　材料与方法

2008 年 5 月、8 月、10 月与 2009 年 3 月对泉州湾进行 4 个航次的调查，5月、8 月设立 8 个站位，10 月、3 月设立 10 个站位。浮游植物定量样品用表层采水器和卡盖式采水器分层采集，浅水Ⅲ型浮游生物网垂直拖网采集样品用于种类组成分析的补充，定量、定性样品均用甲醛固定。样品的处理、分析参照《海洋调查规范　第 6 部分：海洋生物调查》（GB/T12763.6—2007）、《海洋监测规范　第7 部分：近海污染生态调查和生物监测》（GB 17378.7—2007）。

Shannon-Wiener 多样性指数（物种多样性指数）：$H' = -\sum_{i=1}^{s} p_i \log_2 p_i$

Pielou 指数（均匀度指数）：$J = H'/\log_2 S$

Margalef 物种丰富度指数：$D = (S–1) \ln N$

式中，S 为样品中物种总数；p_i 为样品中属于第 i 种的个体的比例，即 $p_i = n_i/N$，n_i 为第 i 种的个体数，N 为样品的总个体数。

6.2.2 浮游植物种类组成

本次调查共分析鉴定浮游植物 5 门 57 属 197 种（包括变形和变种等），其中，绿藻 1 属 1 种、金藻 1 属 1 种、蓝藻 1 属 1 种、甲藻 8 属 14 种、硅藻 46 属 180 种（占总种数的 91.4%），物种名录详见附录 3。其中硅藻占绝对优势，详细浮游植物类群组成见图 6-6。

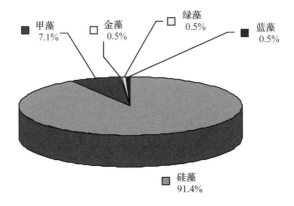

图 6-6 泉州湾浮游植物种类组成（彩图请扫封底二维码）

2008 年 5 月出现 70 种，2008 年 8 月出现 71 种，2008 年 10 月出现 136 种，2009 年 3 月出现 78 种，除 2008 年 10 月航次的种类数明显增多外，其他航次的种类数变化不大，各航次均出现的种类 22 种。其中，春季各站位种类数介于 19～29 种，平均 25 种，夏季各站位种类数介于 20～40 种，平均 31 种，秋季各站位种类数介于 26～56 种，平均 48 种，冬季各站位种类数介于 19～57 种，平均 36 种。泉州湾 4 个航次浮游植物种类数的分布图如图 6-7 所示。

春季种类数的平面分布总体差异不大，高值区出现在 QZ07 站位（29 种），低值区出现在湾中部和洛阳江入海口，种类数均不超过 20 种。夏季种类数高值区出现在湾内中部海域，种类数均高于 35 种，低值区出现在径流入海口处，种类数均不超过 20 种。秋季高值区出现于湾口海域，均高于 55 种，低值区出现在湾内北部海域，均低于 40 种。冬季种类数的高值区出现在湾中部海域的 QZ09 站位和湾口海域的 QZ07 站位，种类数均高于 50 种，低值区出现在湾内的西南部海域，均低于 30 种。各季节种类数的平面分布如图 6-8～图 6-11 所示。

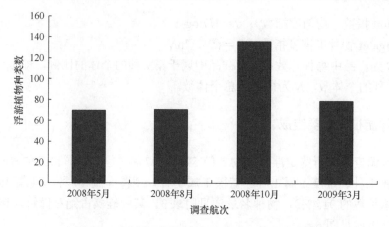

图 6-7　泉州湾不同调查航次海区站位的种类数

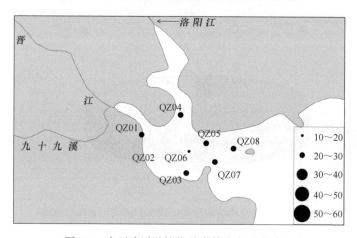

图 6-8　泉州湾浮游植物种类数分布（春季）

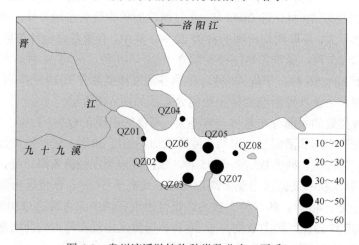

图 6-9　泉州湾浮游植物种类数分布（夏季）

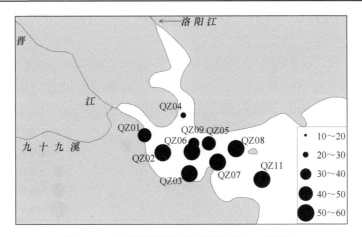

图 6-10　泉州湾浮游植物种类数分布（秋季）

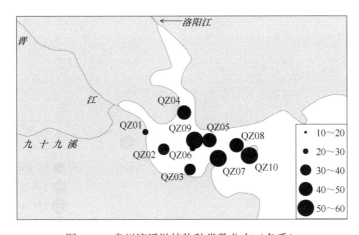

图 6-11　泉州湾浮游植物种类数分布（冬季）

6.2.3　浮游植物丰度平面分布

浮游植物的数量在各站位分布差异显著，2008 年 5 月平均丰度为 26×10^4cells/L，高丰度值出现在径流入海口处，均高于 35×10^4cells/L，低值区出现在湾内西南部海域，均低于 20×10^4cells/L。2008 年 8 月丰度高值区出现在湾内洛阳江入海口处和秀涂附近海域，均高于 28×10^4cells/L，低值区出现在晋江入海口处，均低于 13×10^4cells/L。秋季高值区分布集中于洛阳江入海口处，超过 11×10^4cells/L，其他海域差异不大，均低于 5×10^4cells/L。冬季高值区出现在秀涂海域和湾内中部海域，均超过 2×10^4cells/L，低值区出现在洛阳江入海口处和蚶江近岸海域，均低于 1×10^4cells/L。各季节丰度平面分布如图 6-12～图 6-15 所示。

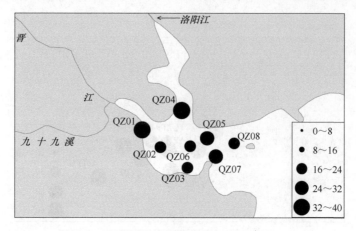

图 6-12　春季浮游植物丰度分布（×10⁴cells/L）

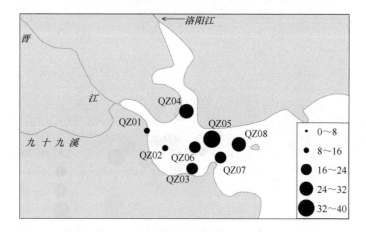

图 6-13　夏季浮游植物丰度分布（×10⁴cells/L）

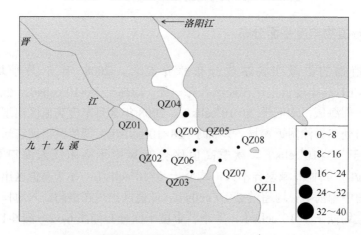

图 6-14　秋季浮游植物丰度分布（×10⁴cells/L）

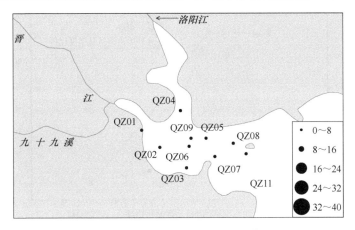

图 6-15　冬季浮游植物丰度分布（×10⁴cells/L）

6.2.4　主要浮游植物种类及分布

2008 年 5 月调查海区整体上浮游植物以中肋骨条藻、具槽直链藻、加氏星杆藻、菱形海线藻为优势种，占海区浮游植物总丰度的 91.3%，其中中肋骨条藻为绝对优势种，占浮游植物总量的 81.5%。

2008 年 8 月调查海区整体上浮游植物以中肋骨条藻、具槽直链藻、奇异棍形藻、新月菱形藻为优势种，占海区浮游植物总丰度的 91.6%，其中中肋骨条藻占浮游植物总丰度的 83.6%，占绝对优势。各站位均以中肋骨条藻为第一优势种，奇异棍形藻在 5 个站位中为第二优势种。

2008 年 10 月调查海区整体上浮游植物以中肋骨条藻、旋链角毛藻、奇异棍形藻、具槽直链藻、布氏双尾藻为优势种，占海区浮游植物总丰度的 77.8%。各调查站位的优势种群组成变化较大，中肋骨条藻在 5 个站位中为优势种，旋链角毛藻在 7 个站位中为优势种，奇异棍形藻在 5 个站位中为优势种。

2009 年 3 月调查海区以加氏星杆藻、具槽直链藻、中肋骨条藻、长菱形藻为优势种，占调查海区总丰度的 78.9%。加氏星杆藻在 6 个站位中为优势种，具槽直链藻在 6 个站位中为优势种，中肋骨条藻在 7 个站位中为优势种。

泉州湾春、夏、秋、冬 4 个季节航次的调查结果表明，优势种中肋骨条藻的丰度和占浮游植物总丰度的比例均呈下降的趋势。优势种具槽直链藻的丰度春季最高，秋季最低，占浮游植物总丰度的比例冬季最高，夏季最低。优势种奇异棍形藻丰度夏季最高，春季最低，但占浮游植物总丰度的比例则是冬季最高，春季最低。加氏星杆藻在 4 个季节中除秋季没有分布外，其他三个季节均有分布，春季、冬季的丰度较高。中肋骨条藻、具槽直链藻、奇异棍形藻、加氏星杆藻的季节变化分别如图 6-16～图 6-19 所示。

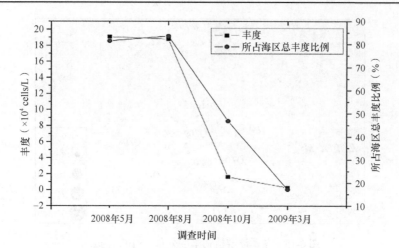

图 6-16　泉州湾浮游植物中肋骨条藻季节变化

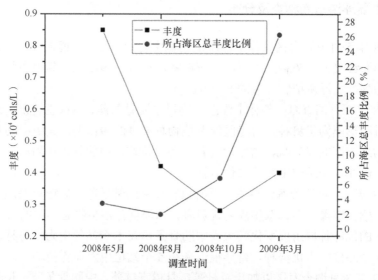

图 6-17　泉州湾浮游植物具槽直链藻季节变化

6.2.5　生物多样性、均匀度和丰富度分析

2008 年 5 月，多样性指数分布海域中部的 QZ02、QZ06、QZ08 站位高于南北两岸的 QZ03、QZ05、QZ07 站位，晋江、洛阳江入海口的 QZ01、QZ04 最低，均值为 1.25，多样性指数值一般。均匀度指数分布趋势与多样性指数相同，均值为 0.34，均匀度指数较低。丰富度指数呈从湾顶向湾口递增的趋势，均值为 0.65，丰富度一般。

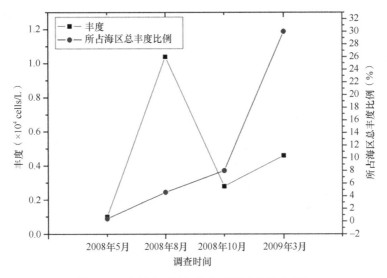

图 6-18 泉州湾浮游植物奇异棍形藻季节变化

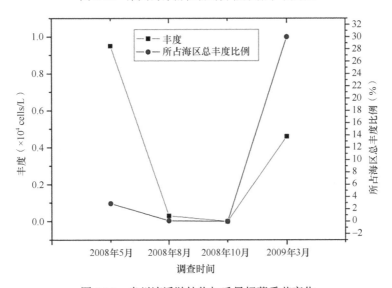

图 6-19 泉州湾浮游植物加氏星杆藻季节变化

2008 年 8 月，多样性指数分布为晋江入海口 QZ01 与湾内 QZ02、QZ03、QZ05、QZ07 较高，洛阳江入海口 QZ04、QZ06 及湾口 QZ08 偏低，均值为 1.10，多样性指数值一般。均匀度指数分布为晋江入海口 QZ01、QZ02 与湾内南北两岸海域 QZ03、QZ05、QZ07 较高，洛阳江入海口 QZ04、QZ06 次之，湾口 QZ08 最低，均值为 0.31，均匀度指数偏低。丰富度指数均值为 0.62，丰富度指数均偏低。

2008 年 10 月，多样性指数分布为湾外高于湾内、西岸高于东岸，均值为 2.96，多样性指数较高,其中值出现在洛阳江入海口的 QZ04 站位。均匀度指数分布趋势同多样性指数,均值为 0.60,均匀度指数值一般。丰富度指数平均值 1.90,丰富度指数较高,变化趋势为湾内西岸高于东岸,湾外高于湾内,其中最低值出现在洛阳江入海口 QZ04。

2009 年 3 月,多样性指数平均值为 2.62,多样性指数较高,分布特征为西岸高于东岸,最低值出现在晋江入海口 QZ01 站位。均匀度指数平均值为 0.66,均匀度一般,低值区分布于中部海域的 QZ02、QZ06、QZ09 站位,洛阳江入海口 QZ04、石湖港 QZ07、大坠岛 QZ08 站位较高。丰富度指数平均值为 1.19,丰富度一般,分布特征为 QZ07、QZ09 较高,QZ01 站位最低。

四个航次的浮游植物多样性指数、均匀度指数及丰富度指数分布如图 6-20~图 6-31 所示。

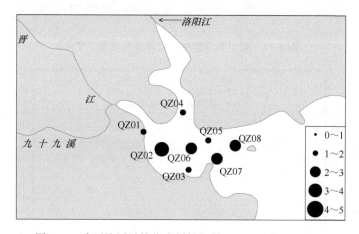

图 6-20 泉州湾浮游植物多样性指数（H'）分布（春季）

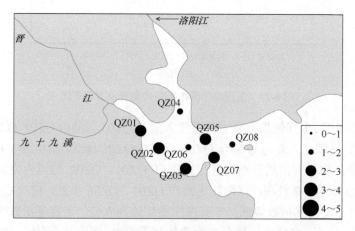

图 6-21 泉州湾浮游植物多样性指数（H'）分布（夏季）

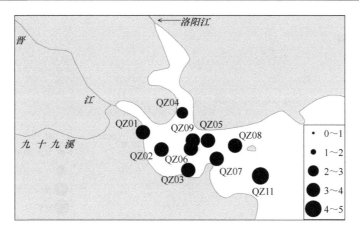

图 6-22 泉州湾浮游植物多样性指数（*H'*）分布（秋季）

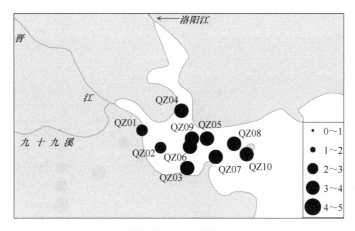

图 6-23 泉州湾浮游植物多样性指数（*H'*）分布（冬季）

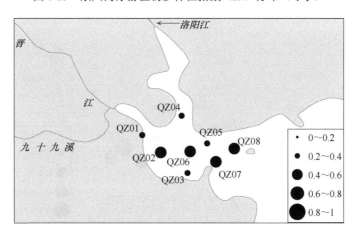

图 6-24 泉州湾浮游植物均匀度指数（*J*）分布（春季）

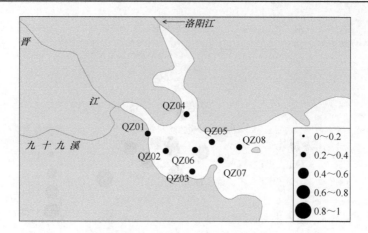

图 6-25 泉州湾浮游植物均匀度指数（*J*）分布（夏季）

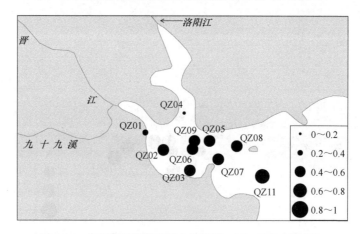

图 6-26 泉州湾浮游植物均匀度指数（*J*）分布（秋季）

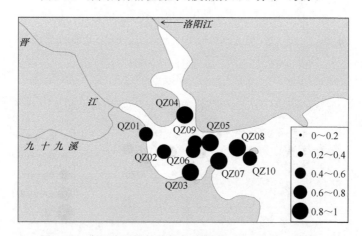

图 6-27 泉州湾浮游植物均匀度指数（*J*）分布（冬季）

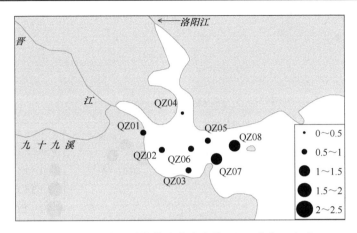

图 6-28　泉州湾浮游植物丰富度指数（D）分布（春季）

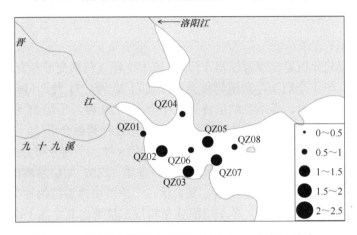

图 6-29　泉州湾浮游植物丰富度指数（D）分布（夏季）

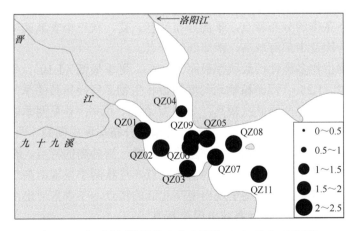

图 6-30　泉州湾浮游植物丰富度指数（D）分布（秋季）

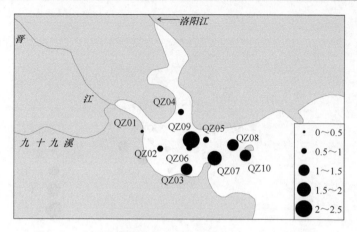

图 6-31   泉州湾浮游植物丰富度指数（D）分布（冬季）

6.2.6   小结

本次调查共分析鉴定浮游植物 5 门 57 属 197 种（包括变形和变种等），其中春、夏、秋、冬 4 个航次浮游植物种类数分别为 70 种、71 种、136 种、78 种，均以硅藻占绝对优势。春季各站位种类数介于 19～29 种，平均 25 种，夏季各站位种类数介于 20～40 种，平均 31 种，秋季各站位种类数介于 26～56 种，平均 48 种，冬季各站位种类数介于 19～57 种，平均 36 种。平面分布方面，春、夏、秋三个季节中，QZ07 站位种类数都为最高，冬季 QZ07 站位浮游植物种类数为 50，仅次于 QZ09 站位（57 种）。春、夏、秋三个季节中浮游植物种类数平面分布呈现出北岸低于南岸的特点，冬季平面分布相反，呈现出北岸高于南岸。

浮游植物丰度分布差异显著，春、夏、秋、冬 4 个季节的丰度分别为 $25.53 \times 10^4 cells/L$、$1.66 \times 10^4 cells/L$、$3.49 \times 10^4 cells/L$、$1.52 \times 10^4 cells/L$，呈现出春季＞夏季＞秋季＞冬季的分布特点，平面分布为春、夏、秋三个季节南岸高于北岸，冬季分布呈秀涂及中部海域高、南岸低的特点。

浮游植物生物多样性指数秋季最高（2.96），夏季最低（1.10），冬春两季居中（分别为 2.62、1.25）；浮游植物均匀度指数和生物多样性指数的季节变化完全一致，均匀度指数秋冬两季航次较高，分别为 0.60、0.66；春夏两季航次较低，分别为 0.34、0.31。春季浮游植物生物多样性指数分布呈现中间高、四周低的特点，夏秋两季呈现南高北低的特点，冬季呈现湾内低、湾外高的特点。春冬两季的浮游植物均匀度指数呈现中间高、四周低的特点，夏秋两季呈现南高北低的特点。春、夏、秋三季丰富度指数均呈现出南高北低的特点，冬季呈现出由湾顶向湾口逐渐升高的特点，QZ09 附近海域出现最高值。

中肋骨条藻、具槽直链藻在全年 4 个季度均为优势种，加氏星杆藻在春冬两季为优势种，奇异棍形藻在夏秋两季为优势种，其他不同季节的优势种还有旋链角毛藻、布氏双尾藻、长菱形藻等。

6.3 浮游动物

6.3.1 材料与方法

2008 年 5 月、8 月、10 月与 2009 年 3 月对泉州湾进行 4 个航次的调查，5 月、8 月设立 8 个站位，10 月、3 月设立 10 个站位。浮游动物样品的采集使用浅水 I 型浮游生物网和浅水 II 型浮游生物网进行由底至表的垂直拖网。I、II 型网采集样品作为种类组成分析的依据，II 型网采集样品作为数量分析的依据，湿重生物量以 I 型网采集的样品为分析依据。样品的处理和分析方法参照《海洋调查规范 第 6 部分：海洋生物调查》（GB/T 12763.6—2007）和《海洋监测规范 第 7 部分：近海污染生态调查和生物监测》（GB 17378.7—2007）。具体评述方法见 6.2.1 节。

6.3.2 浮游动物种类组成

泉州湾 4 个航次调查鉴定到种的浮游动物成体 108 种、浮游幼体 42 种、未定种 16 种，共计 166 种，物种名录详见附录 3。其中浮游动物成体分别隶属原生动物门、腔肠动物门、栉水母动物门、节肢动物门、毛颚动物门、环节动物门、脊索动物门。

其中原生动物 2 种，占 1.2%。腔肠动物门筐水母类 1 种，占比 0.6%；硬水母类 1 种，占 0.6%，花水母类 8 种，占 4.8%，软水母类 15 种，占 9.0%；栉水母类 2 种，占 1.2%；管水母类 3 种，占 1.8%。节肢动物门介形类 2 种，占 1.2%；桡足类 59 种，占 35.5%；枝角类 4 种，占 2.4%；涟虫类 1 种，占 0.6%；端足类 5 种，占 3.0%；等足类 5 种，占 3.0%；糠虾类 5 种，占 3.0%；磷虾类 1 种，占 0.6%；十足类 3 种，占 1.8%。多毛类 2 种，占 1.2%。毛颚动物 3 种，占 1.8%。有尾类 2 种，占 1.2%。浮游幼体 42 种，占 25.3%。泉州湾浮游动物不同类别组成见图 6-32。

6.3.3 浮游动物平面分布

春季共出现浮游动物 74 种，高值区出现在秀涂附近海域 QZ05 站位、石湖港附近 QZ07 站位及湾中部 QZ06 站位，均高于 40 种，低值区出现在晋江入海口处 QZ01 站位和湾口 QZ08 站位，均不超过 30 种。

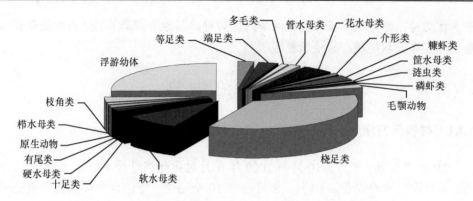

图 6-32　泉州湾浮游动物各类别组成（彩图请扫封底二维码）

夏季浮游动物种类为 77 种，高值区出现在石湖港附近 QZ07 站位及湾中部 QZ06 站位，均高于 40 种，低值区出现在洛阳江入海口处 QZ04 站位，仅 20 种。

秋季浮游动物种类为 92 种，高值区出现在石湖港附近 QZ07 站位及湾中部 QZ06 站位，均高于 40 种，低值区出现在洛阳江入海口处和湾内 QZ02 站位，均低于 20 种。

冬季浮游动物种类急剧减少，仅 57 种，高值区出现在秀涂附近海域 QZ05 站位和石湖港附近海域 QZ07 站位，均为 27 种，低值区出现在晋江入海口处，仅 14 种。泉州湾不同季节浮游动物种类平面分布如图 6-33～图 6-36 所示。

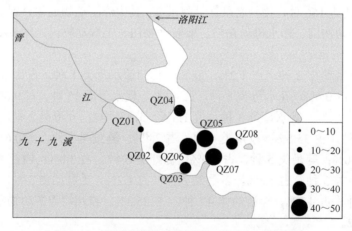

图 6-33　泉州湾浮游动物种类平面分布（春季）

6.3.4　浮游动物生物量平面分布

春季浮游动物生物量平均为 636.6mg/m³，各站位变化范围为 180.0～1454.3mg/m³，高值区出现在湾内南岸 QZ03 站位及湾内中部 QZ06 站位，均超过

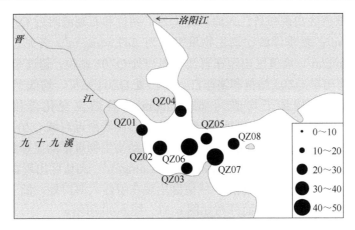

图 6-34　泉州湾浮游动物种类平面分布（夏季）

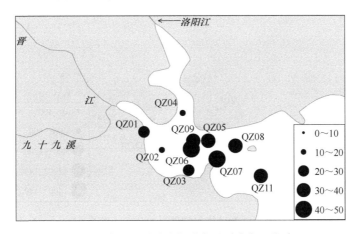

图 6-35　泉州湾浮游动物种类平面分布（秋季）

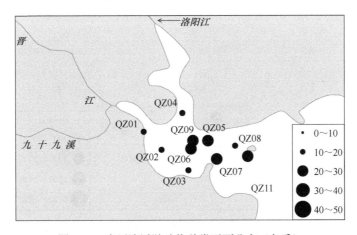

图 6-36　泉州湾浮游动物种类平面分布（冬季）

900mg/m³，低值区出现在晋江入海口处 QZ01 站位和石湖港附近 QZ07 站位，均低于 300mg/m³；夏季浮游动物生物量平均为 347.84mg/m³，各站位变化范围为 188.9～875.0mg/m³，高值区出现在晋江入海口处 QZ01 站位，超过 800mg/m³，低值区出现在湾南岸 QZ03 站位和洛阳江入海口处 QZ04 站位，均低于 200mg/m³；秋季浮游动物生物量平均值为 636.8mg/m³，各站位变化范围为 101.0～1592.6mg/m³，高值出现在湾口处 QZ08 站位、石湖港附近海域 QZ07 站位及湾内中部 QZ06 站位，均超过 900mg/m³；冬季浮游动物生物量平均值降到全年最低，为 214.4mg/m³，各站位变化范围为 86.8～421.6mg/m³，高值区出现在石湖港附近海域 QZ07 站位，超过 400mg/m³，低值区出现在晋江入海口处，低于 100mg/m³。不同航次浮游动物生物量平面分布如图 6-37～图 6-40 所示。

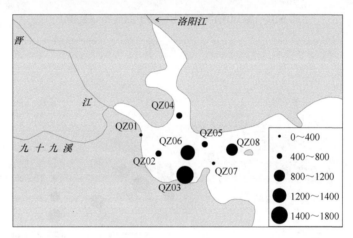

图 6-37　泉州湾浮游动物生物量平面分布（春季）（mg/m³）

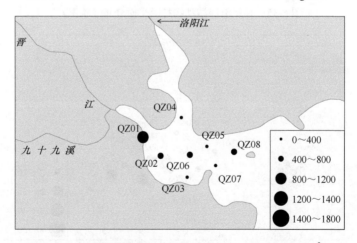

图 6-38　泉州湾浮游动物生物量平面分布（夏季）（mg/m³）

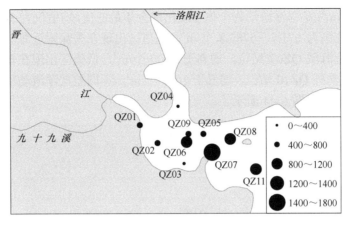

图 6-39　泉州湾浮游动物生物量平面分布（秋季）（mg/m³）

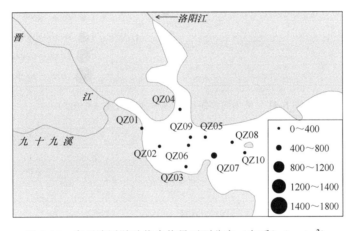

图 6-40　泉州湾浮游动物生物量平面分布（冬季）（mg/m³）

6.3.5　浮游动物个体密度平面分布

　　春季浮游动物个体密度平均值为 4756.7 个/m³，各站位变化范围为 1301.67～
10 352.05 个/m³，高值区出现在湾内南岸 QZ03 站位，超过 10 000 个/m³，低值区
出现在晋江入海口处 QZ01 站位，低于 1500 个/m³；夏季浮游动物个体密度平均
值为 724.14 个/m³，各站位变化范围为 130.6～2186.13 个/m³，高值区出现在湾内
QZ02 站位，超过 2000 个/m³，低值区出现在洛阳江入海口处 QZ04 站位和湾口处
QZ08 站位，均低于 300 个/m³；秋季浮游动物个体密度平均值全年最高，为 9989.3
个/m³，各站位变化范围为 3082.5～18 459.2 个/m³，高值区出现在秀涂附近海域
QZ05、石湖港附近海域 QZ07 及湾内 QZ09 站位，均高于 13 000 个/m³，低值区
出现在洛阳江入海口处 QZ04 站位、湾内西南部 QZ02 站位及南岸 QZ03 站位，均

低于 5000 个/m³；冬季浮游动物个体密度出现全年最低值，均值仅为 3004.9 个/m³，各站位变化范围为 671.7～5787.8 个/m³，高值区出现在秀涂附近海域 QZ05 站位及石湖港附近海域 QZ07 站位，均高于 5000 个/m³，低值区出现在晋江入海口处 QZ01 站位及湾外 QZ10 站位，均低于 1000 个/m³。不同航次浮游动物个体密度平面分布如图 6-41～图 6-44 所示。

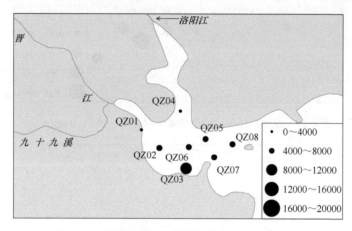

图 6-41　泉州湾浮游动物春季分布密度（个/m³）

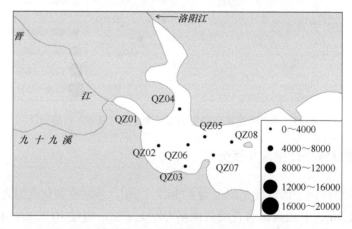

图 6-42　泉州湾浮游动物夏季分布密度（个/m³）

6.3.6　种类优势度

春季航次种类优势度值大于 0.02 的共 9 种，优势种前三位为太平洋纺锤水蚤、蔓足类无节幼体、腹足类幼体，优势度分别为 0.307、0.200、0.088。夏季航次

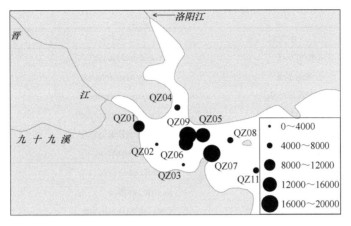

图 6-43 泉州湾浮游动物秋季分布密度（个/m³）

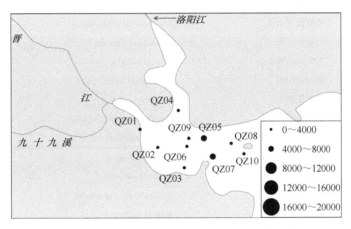

图 6-44 泉州湾浮游动物冬季分布密度（个/m³）

种类优势度大于 0.02 的共 5 种，优势种前三位为厦门矮隆哲水蚤、太平洋纺锤水蚤、短尾类潘状幼体，优势度分别为 0.463、0.115、0.050。秋季航次种类优势度大于 0.02 的共 7 种，优势种前三位分别是强额拟哲水蚤、小拟哲水蚤、太平洋纺锤水蚤，优势度分别是 0.319、0.220、0.083。冬季航次种类优势度大于 0.02 的共 9 种，优势种前三位分别为腹足类幼体、小拟哲水蚤、强额拟哲水蚤，其优势度分别为 0.208、0.183、0.084。各航次种类优势度值如表 6-1 所示。

表 6-1 泉州湾浮游动物种类优势度

航次	中文名	拉丁名	优势度
春季	太平洋纺锤水蚤	*Acartia pacifica* larva	0.307
	蔓足类无节幼体	Nauplius larva (Cirripedia)	0.200
	腹足类幼体	Gastropoda larva	0.088

续表

航次	中文名	拉丁名	优势度
春季	小拟哲水蚤	*Paracalanus parvus*	0.057
	右突歪水蚤	*Tortanus dextrilobatus*	0.051
	瘦尾胸刺水蚤	*Centropages tenuiremis*	0.049
	强额拟哲水蚤	*Paracalanus crassirostris*	0.037
	短尾类溞状幼体	Zoea larva (Brachyura)	0.036
	夜光虫（夜光藻）	*Noctiluca scintillans*	0.035
夏季	厦门矮隆哲水蚤	*Bestiola amoyensis*	0.463
	太平洋纺锤水蚤	*Acartia pacifica*	0.115
	短尾类溞状幼体	Zoea larva (Brachyura)	0.050
	多刺裸腹溞	*Moina macrocopa*	0.039
	强额拟哲水蚤	*Paracalanus crassirostris*	0.035
秋季	强额拟哲水蚤	*Paracalanus crassirostris*	0.319
	小拟哲水蚤	*Paracalanus parvus*	0.220
	太平洋纺锤水蚤	*Acartia pacifica*	0.083
	腹足类幼体	Gastropoda larva	0.050
	异体住囊虫	*Oikopleura dioica*	0.031
	蔓足类无节幼体	Nauplius larva (Cirripedia)	0.026
	简长腹剑水蚤	*Oithona simplex*	0.020
冬季	腹足类幼体	Gastropoda larva	0.208
	小拟哲水蚤	*Paracalanus parvus*	0.183
	强额拟哲水蚤	*Paracalanus crassirostris*	0.084
	太平洋纺锤水蚤	*Acartia pacifica*	0.078
	短尾类溞状幼体	Zoea larva (Brachyura)	0.045
	右突歪水蚤	*Tortanus dextrilobatus*	0.045
	拟长腹剑水蚤	*Oithona similis*	0.032
	异体住囊虫	*Oikopleura dioica*	0.030
	桡足类幼体	Copepodite larva	0.022

6.3.7 生物多样性、均匀度和丰富度分析

春季各站位多样性指数范围 2.29～3.50，均值为 2.93，QZ08 站位多样性指数最高，QZ03 站位最低。均匀度指数平均值为 0.60，QZ08 站位均匀度指数最高，为 0.74，QZ3 站位最低，为 0.47。多样性指数和均匀度指数平面分布相似，为北岸高于南岸、湾外高于湾内。

夏季多样性指数范围 1.31～3.64，均值为 2.81，多样性指数最高值出现在 QZ07 站位，最低值出现在 QZ02 站位。均匀度指数最高值出现在 QZ04 站位，为 0.80，

最低值出现在 QZ02 站位，仅 0.29，均值为 0.62。多样性指数和均匀度指数平面分布特点较接近，呈现出北岸高于南岸、湾外高于湾内的特点。

秋季多样性指数范围 2.08～3.74，均值为 2.79，多样性指数最高值出现在 QZ07 站位，最低值出现在 QZ05 站位，平面分布趋势为湾内小于湾外。均匀度指数变化区间为 0.55～0.80，均匀度指数平均值为 0.69，最低值出现在 QZ05 站位，最高值出现在 QZ02 站位。

冬季多样性指数范围 2.16～3.10，均值为 2.78。多样性指数最高值出现在 QZ06 站位，最低值出现在 QZ05 站位。均匀度指数变化区间为 0.52～0.85，最高值和最低值分别出现在 QZ10、QZ05 站位。

四个季节浮游动物多样性指数、均匀度指数、丰富度指数整体上呈现湾内低、湾口高的分布特征，如图 6-45～图 6-56 所示。具体浮游动物多样性指数、均匀度指数见表 6-2。

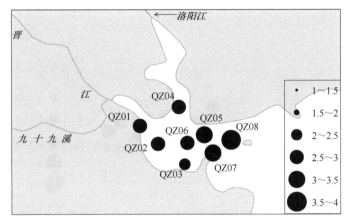

图 6-45　泉州湾浮游动物生物多样性指数（H'）平面分布（春季）

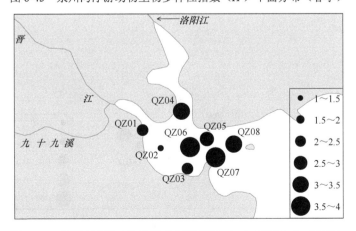

图 6-46　泉州湾浮游动物生物多样性指数（H'）平面分布（夏季）

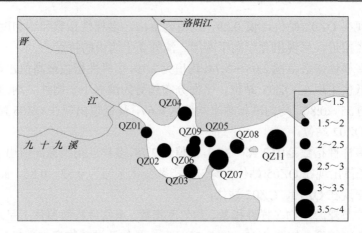

图 6-47　泉州湾浮游动物生物多样性指数（H'）平面分布（秋季）

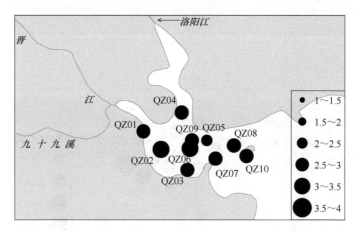

图 6-48　泉州湾浮游动物生物多样性指数（H'）平面分布（冬季）

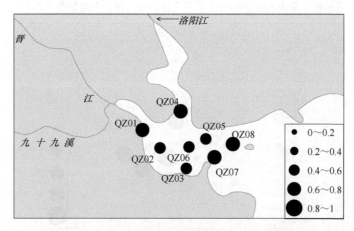

图 6-49　泉州湾浮游动物生物均匀度指数（J）平面分布（春季）

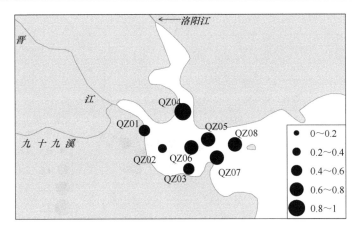

图 6-50 泉州湾浮游动物生物均匀度指数（*J*）平面分布（夏季）

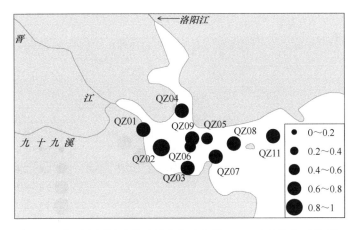

图 6-51 泉州湾浮游动物生物均匀度指数（*J*）平面分布（秋季）

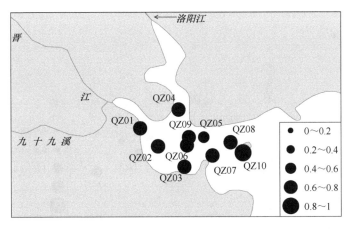

图 6-52 泉州湾浮游动物生物均匀度指数（*J*）平面分布（冬季）

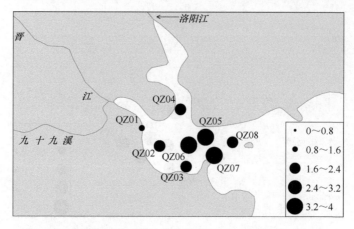

图 6-53　泉州湾浮游动物丰富度指数（*D*）平面分布（春季）

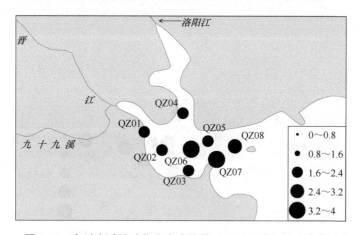

图 6-54　泉州湾浮游动物丰富度指数（*D*）平面分布（夏季）

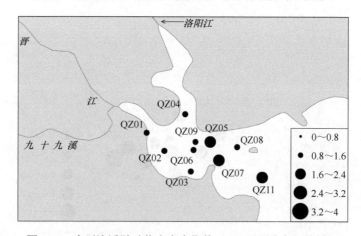

图 6-55　泉州湾浮游动物丰富度指数（*D*）平面分布（秋季）

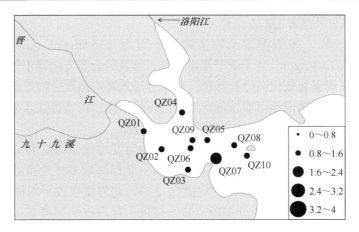

图 6-56　泉州湾浮游动物丰富度指数（D）平面分布（冬季）

表 6-2　泉州湾不同航次浮游动物物种多样性指数（H′）和均匀度指数（J）

航次	指数	QZ01	QZ02	QZ03	QZ04	QZ05	QZ06	QZ07	QZ08	QZ09	QZ10	QZ11	均值
5 月	H′	2.68	2.91	2.29	2.90	3.11	2.97	3.08	3.50	/	/	/	2.93
	J	0.61	0.59	0.47	0.62	0.59	0.57	0.60	0.74	/	/	/	0.60
8 月	H′	2.26	1.31	2.11	3.13	2.98	3.60	3.64	3.48	/	/	/	2.81
	J	0.53	0.29	0.47	0.80	0.68	0.70	0.69	0.76	/	/	/	0.62
10 月	H′	2.47	2.77	2.71	2.65	2.08	2.55	3.74	2.94	2.49	/	3.50	2.79
	J	0.67	0.80	0.76	0.70	0.55	0.57	0.74	0.77	0.62	/	0.77	0.69
3 月	H′	2.77	3.00	2.70	2.66	2.16	3.10	2.88	2.85	2.75	2.93	/	2.78
	J	0.75	0.75	0.69	0.72	0.52	0.74	0.65	0.79	0.70	0.85	/	0.72

注 "/" 表示未开展调查

6.3.8　小结

　　泉州湾 4 个航次调查鉴定浮游动物 166 种，其中浮游动物成体 108 种，浮游幼体 42 种、未定种 16 种，其中桡足类和浮游幼体为浮游动物种类组成中的重要类群。春、夏、秋、冬四个季节种类数分别为 74 种、77 种、92 种、57 种。

　　春季浮游动物个体密度平均值为 4756.7 个/m³，高值区出现在湾内南岸 QZ03 站位，低值区出现在晋江入海口处 QZ01 站位；夏季浮游动物个体密度平均值为 724.1 个/m³，高值区出现在湾内 QZ02 站位，低值区出现在洛阳江入海口处 QZ04 站位和湾口处 QZ08 站位；秋季浮游动物个体密度出现全年最高值，为 9989.3 个/m³，高值区出现在秀涂附近海域 QZ05、石湖港附近海域 QZ07 及湾内 QZ09 站位，低值区出现在洛阳江入海口处 QZ04 站位、湾内西南部 QZ02 站位及南岸 QZ03 站位；冬季浮游动物个体密度出现全年最低值，均值仅为 3004.9 个/m³，高值区出现在秀涂附近海域 QZ05 站位及石湖港附近海域 QZ07 站位，低值区出现在晋江入海口处 QZ01 站位及湾外 QZ10 站位。

春、夏、秋、冬的浮游动物生物量平均为 636.6mg/m³、347.84mg/m³、636.8mg/m³、214.4mg/m³。4 个季节浮游动物生物量的分布方面春季晋江入海口出现最低值，呈现出北低南高分布特征；夏季晋江入海口出现生物量最大值，湾北岸和南岸较低；秋季南北两岸较低，湾口出现最高值；冬季晋江入海口生物量出现最低值，石湖港附近海域（QZ07）出现最高值。

春季各站位多样性指数平均值为 2.93，均匀度指数平均值为 0.60，多样性指数和均匀度指数平面分布相似，平面分布为北部海域多样性指数高于南部、湾外高于湾内。夏季多样性指数平均值为 2.81，均匀度指数平均值为 0.62，多样性指数和均匀度指数平面分布特点较为接近，呈现出北部海域多样性指数高于南部、湾外高于湾内的特点。秋季多样性指数平均值为 2.79，平面分布趋势为湾内小于湾外；均匀度指数平均值为 0.69，无明显分布规律。冬季多样性指数平均值为 2.78，均匀度指数变化区间为 0.52～0.85，多样性指数和均匀度指数均呈现出北高南低的特征。

泉州湾的优势种有短尾类溞状幼体、腹足类幼体、蔓足类无节幼体、强额拟哲水蚤、太平洋纺锤水蚤、厦门矮隆哲水蚤、小拟哲水蚤等。

6.4 鱼卵和仔稚鱼

6.4.1 材料与方法

本研究鱼卵和仔稚鱼样品，分别于 2008 年 5 月（春季）、11 月（秋季）采自泉州湾，春季调查站位为 QZ01、QZ06、QZ07，秋季为 QZ01、QZ06、QZ07、QZ11。定量样品主要包括垂直拖网和水平拖网，垂直拖网通过浅水 I 型浮游生物网（口径 50cm，长 145cm，孔径 0.505mm）由底至表垂直拖网，每站拖网 3 次；水平拖网时保持船速 2n mile[①]/h，每站拖网 10～15min。定性样品通过 II 型浮游生物网从底至表垂直拖网采集，每站采集 1 次。所采集的标本用 5%中性甲醛固定，标本的分析和资料整理均按海洋调查规范的相关规定进行。

6.4.2 种类组成

泉州湾 2 个航次共记录鱼卵和仔稚鱼 21 种（含未定种），春季出现 18 种，秋季 7 种，以鳀科、鲱科和鲷科为主，各科 3～4 种，其他科 1～2 种，物种名录见附录 3。

---

① 1n mile（1 海里）=1852m

6.4.3 鱼卵数量及其季节分布

泉州湾鱼卵数量低,两次调查垂直拖网的总个体密度平均为 35.4×10^{-2}ind./m³,其中春季（5 月）为 59×10^{-2}ind./m³,而秋季（11 月）明显低于春季,为 11.85×10^{-2}ind./m³。水平拖网鱼卵数量更低,两季均值为 1.02ind$\times 10^{-2}$/m³,两季总个体密度基本接近,分别为 0.96×10^{-2}ind./m³ 和 1.08×10^{-2}ind./m³（表 6-3）。在平面分布上,春季垂直拖网在 QZ01 站位未检测到鱼卵,QZ06、QZ07 两个站位鱼卵数量为 $80 \times 10^{-2} \sim 100 \times 10^{-2}$ind./m³（图 6-57~图 6-60）。出现的种类是小公鱼、中颌棱鳀和小沙丁鱼等；水平拖网拖到的鱼卵数量较低,个体密度范围为 $0.8 \times 10^{-2} \sim 1.3 \times 10^{-2}$ind./m³。秋季鱼卵出现率极低,垂直拖网和水平拖网数量分别为 47.4×10^{-2}ind./m³、4.3×10^{-2}ind./m³,仅在 QZ11 站位采集到少量的黄鳍鲷（水平拖网）、舌鳎（水平拖网）、石首鱼科（垂直拖网）等种类的鱼卵。

表 6-3　鱼卵和仔稚鱼的数量（$\times 10^{-2}$ind./m³）

采样方式	春季（5 月）		秋季（11 月）	
	鱼卵	仔稚鱼	鱼卵	仔稚鱼
垂直拖网	59	429.7	11.85	10.74
水平拖网	0.96	107.45	1.08	2.33

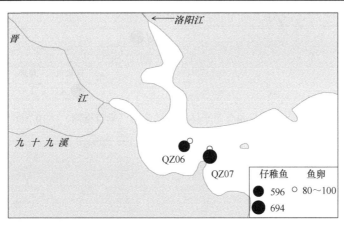

图 6-57　春季鱼卵和仔稚鱼总个体密度的分布（垂直拖网）（$\times 10^{-2}$ind./m³）

6.4.4 仔稚鱼数量及其季节分布

两个航次通过垂直拖网获得的仔稚鱼平均数量为 220.22×10^{-2}ind./m³。春季垂直拖网和水平拖网调查的均值分别为 429.7×10^{-2}ind./m³ 和 107.45×10^{-2}ind./m³,高于鱼卵。在数量上水平拖网以鲷科仔稚鱼占优势,约占 87%；垂直拖网则以鰕虎鱼科居首,约占 81%（图 6-61）。

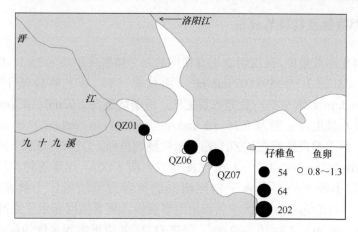

图 6-58　春季鱼卵和仔稚鱼总个体密度的分布（水平拖网）（×10^{-2}ind./m^3）

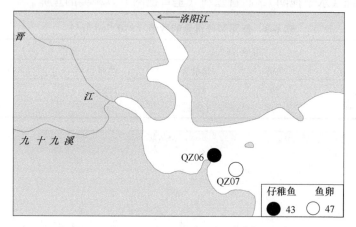

图 6-59　秋季鱼卵和仔稚鱼总个体密度的分布（垂直拖网）（×10^{-2}ind./m^3）

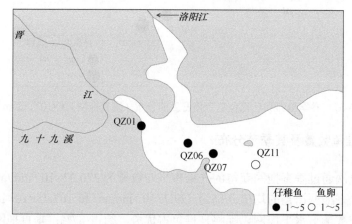

图 6-60　秋季鱼卵和仔稚鱼总个体密度的分布（水平拖网）（×10^{-2}ind./m^3）

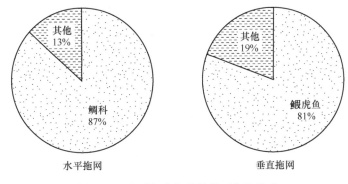

图 6-61　春季仔稚鱼数量的百分比组成

秋季仔稚鱼总个体密度较低，垂直拖网和水平拖网数量分别为 10.74×10^{-2}ind./m³、2.33×10^{-2}ind./m³，显著低于春季，出现的种类是黄鳍鲷、康氏小公鱼及其他小公鱼属种类。就数量分布上，春季仔稚鱼不仅遍及全区而且数量高。其中垂直拖网以 QZ07 站位数量最高，达 694×10^{-2}ind./m³，主要种类是鰕虎鱼，同时还出现少量的美肩鰓鰕、小公鱼和白姑鱼等种类，并向西逐渐减少，调查区最西侧的晋江口水域（QZ01 站位）未见分布。水平拖网的分布与垂直拖网的分布相似，均呈现出由西向东逐渐增加的趋势，并在调查区东部的 QZ07 站位形成数量达 202.34×10^{-2}ind./m³ 的密集区，这一密集区的形成主要是鲷科的平鲷大量出现所致，而且还分布一些经济价值较高的种类如黑鲷、鲛鱼和多鳞鱚等；湾西晋江口水域（QZ01 站位）数量最低，为 55.85×10^{-2}ind./m³。秋季航次仔稚鱼数量均较低，垂直拖网仅在东部水域（QZ07 站位）少量出现，水平拖网数量也较低，范围为 $1\times10^{-2}\sim5\times10^{-2}$ind./m³，在 QZ11 站位未采集到仔稚鱼。

6.4.5　主要种类的分布特征

两季调查，在垂直拖网样品中未采集到鲷科鱼卵，但鲷科鱼类的仔稚鱼在水平拖网的样品中出现率高、种类较多、个体密度最为丰富。在春季航次，鲷科仔稚鱼平均密度为 92.3×10^{-2}ind./m³，其中以平鲷个体密度最高，约占鲷科鱼类的 94%，QZ07 站位最密集（192.2×10^{-2}ind./m³），其他测站数量下降至 $40\times10^{-2}\sim45\times10^{-2}$ind./m³，出现的鲷科鱼类包括平鲷、黑鲷和黄鳍鲷，垂直拖网样品中鲷科鱼类数量极少，仅在 QZ06 和 QZ07 站位零星出现平鲷仔稚鱼（图 6-62）。秋季鲷科个体密度低，通过垂直拖网仅在 QZ07 站位拖到 1 只黄鳍鲷仔稚鱼（密度 42.9×10^{-2}ind./m³），通过水平拖网，在 QZ01、QZ06、QZ07 站位采集到黄鳍鲷仔稚鱼，密度范围为 $0.46\times10^{-2}\sim0.83\times10^{-2}$ind./m³。

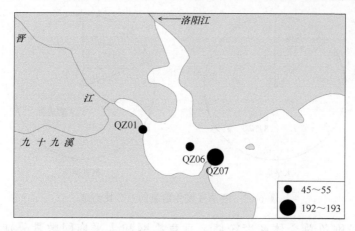

图 6-62　春季鲷科仔稚鱼个体数的分布（水平拖网）（×10^{-2}ind./m^3）

6.4.6　鱼卵和仔稚鱼资源量现状

调查结果表明，春季（5 月）垂直拖网和水平拖网鱼卵数量分别为 59×10^{-2}ind./m^3 和 0.96×10^{-2}ind./m^3，仔稚鱼分别为 429.7×10^{-2}ind./m^3 和 107.45×10^{-2}ind./m^3。秋季（11 月）垂直拖网鱼卵为 11.85×10^{-2}ind./m^3，水平拖网为 1.08×10^{-2}ind./m^3；仔稚鱼均值各为 10.74×10^{-2}ind./m^3 和 2.33×10^{-2}ind./m^3，资源量均明显低于春季。与其他海区相比，以春季（5 月）垂直拖网为例，其鱼卵和仔稚鱼总个体密度明显低于邻近海区围头湾，尤其是鱼卵，围头湾鱼卵个体密度约为泉州湾的 26.1 倍；与厦门航道区同期的调查资料比较可以看出，泉州湾鱼卵丰度虽较低，但仔稚鱼数量显著高于厦门航道区，前者是后者的 100 多倍（表 6-4）。可见其资源量低于围头湾，但高于厦门航道区，泉州湾鱼卵和仔稚鱼资源量仍较为丰富。同时，从数量分布趋势看，在湾西晋江口水域（QZ01 站位）鱼卵和仔稚鱼数量低于其他测站。此外从所获鱼卵和仔稚鱼的种类而言，多数种类为浅海小型鱼类，但仍出现一些经济价值较高的种类如平鲷、黄鳍鲷、黑鲷、鲅鱼和多鳞鱚等，其中鲷科的平鲷和黄鳍鲷还是本调查的优势种和常见种。由此可见，泉州湾仍适合一些鱼类栖居、洄游和繁殖，而且从调查结果分析可看出，5 月是泉州湾鱼类的主要繁殖期。

表 6-4　泉州湾与其他海域鱼卵和仔稚鱼数量（均值）的比较（垂直拖网）（×10^{-2}ind./m^3）

鱼卵和仔稚鱼	泉州湾（2008 年 5 月）	围头湾（2008 年 5 月）	厦门航道区（2007 年 5 月）
鱼卵	59	1540	511
仔稚鱼	429.7	875	4

6.4.7 小结

两次调查共记录鱼卵和仔稚鱼 21 种(含未定种),其中春季种类较多(18 种),秋季仅出现 7 种。春秋两季垂直拖网鱼卵总个体密度分别为 59×10^{-2}ind./m³ 和 11.85×10^{-2}ind./m³;水平拖网各为 0.96×10^{-2}ind./m³ 和 1.08×10^{-2}ind./m³。分布上,春季除垂直拖网 QZ01 站位未采到外,其他测站均有分布。秋季鱼卵数量较低,仅在湾口水域少量出现。春季垂直拖网和水平拖网仔稚鱼总个体密度分别为 429.7×10^{-2}ind./m³ 和 107.45×10^{-2}ind./m³。数量上分别以鰕虎鱼和鲷科的平鲷占优势,分布上仔稚鱼高数量密集区均位于近湾口水域。秋季仔稚鱼均值各为 10.74×10^{-2}ind./m³ 和 2.33×10^{-2}ind./m³,明显低于春季。

鲷科仔稚鱼是泉州湾主要种类,但以水平拖网数量高,平均为 92.3×10^{-2}ind./m³,其中以平鲷个体密度最高,约占鲷科鱼类的 94%,并主要密集出现在近湾口水域。秋季数量低,水平拖网个体密度仅为 0.53×10^{-2}ind./m³,而垂直拖网则未见分布。与福建省内其他海域相比,在春季,泉州湾鱼卵和仔稚鱼数量均低于围头湾,但仔稚鱼数量高于厦门航道区,并存在经济价值较高的鱼类,表明泉州湾是一些重要经济鱼类栖息和繁殖的场所。

6.5 游 泳 动 物

6.5.1 材料与方法

2008 年 5 月 22 日和 2008 年 10 月 14 日,在泉州湾设置 3 个游泳动物拖网站位,分别编号为 1 号站、2 号站、3 号站,不同于本书其他大面站位,进行春秋两季的调查,站位经纬度和底质类型见表 6-5。

表 6-5 调查站位的经纬度及底质

站位	底质	拖网起止经纬度
1 号站	沙质泥	24º50.606′N,118º46.359′E
		24º50.606′N,118º48.539′E
2 号站	泥	24º49.838′N,118º43.863′E
		24º50.772′N,118º42.164′E
3 号站	泥质沙	24º47.662′N,118º46.359′E
		24º48.400′N,118º48.454′E

游泳动物拖网调查由闽狮渔 6701 号渔船承担,该渔船载重量为 68t,功率为 165.50kW,最大航速为 9n mile/h。试捕调查网具为单囊有翼拖网(9m×4m),其网衣长为 45m,网口周长为 35m,网衣孔径为 28~50mm。每个试捕站,以 2.5~

3.0n mile/h 的拖速拖曳 40min 左右。对渔获的游泳动物样品，在现场进行初步分类（尽可能至种）、计数、称重、生物学测量和记录，之后用 5%～10%福尔马林溶液对样品进行固定，供进一步的室内分析和鉴定之用。

游泳动物标本用显微镜和体视显微镜进行分类鉴定。现场调查数据的统计值采用渔获密度和渔获重量表示，渔获密度以单位时间每网尾数为计算单位（ind./h），渔获重量以单位时间每网千克数为计算单位（kg/h）。

样品的采集、处理和分析均按照《海洋调查规范 第 6 部分：海洋生物调查》（GB/T 12763.6—2007）有关规定进行。

6.5.2 游泳动物的种类组成和分布

1. 种类组成和分布

两个航次调查共记录到游泳动物 83 种，隶属 19 目 42 科 61 属，其中鱼类 14 目 32 科 47 属 54 种，占游泳动物种类总数的 65.1%。在鱼类中，软骨鱼类 5 目 5 科 5 属 6 种、硬骨鱼类 9 目 27 科 42 属 48 种，鲈形目种类最多，有 20 种，占鱼类总数的 37.0%；甲壳动物 2 目 7 科 11 属 24 种，占 28.9%；头足类 3 目 3 科 3 属 5 种，占 6.0%。各类群占比详见图 6-63，物种名录详见附录 3。

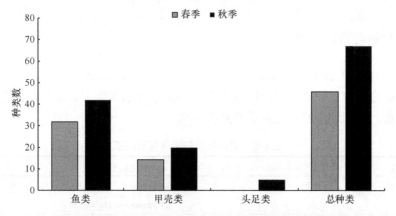

图 6-63 春、秋航次渔获游泳动物各类群种类数比较图

春季航次记录游泳动物 46 种，隶属 13 目 28 科 37 属，其中鱼类 11 目 22 科 29 属 32 种（软骨鱼类 4 目 4 科 4 属 4 种、硬骨鱼类 7 目 18 科 25 属 28 种），占 69.6%，甲壳动物 2 目 6 科 8 属 14 种，占 30.4%，没有记录到头足类；秋季航次共记录游泳动物 67 种，隶属 16 目 34 科 49 属，其中鱼类 11 目 25 科 36 属 42 种，占 62.7%，甲壳动物 2 目 6 科 10 属 20 种，占 29.9%，头足类 3 目 3 科 3 属 5 种，占 7.5%。其中在两个航次都有发现的种类有 30 种，包括黄鲫、凤鲚、龙头鱼、

叫姑鱼、白姑鱼、鹿斑鲾、红狼牙鰕虎鱼、孔鰕虎鱼、小带鱼、带鱼、焦氏舌鳎、周氏新对虾、哈氏仿对虾、刀额仿对虾、中华管鞭虾、日本蟳、隆线强蟹、口虾蛄等。

种类数最多的是 2 号站，有 60 种；其次是 1 号站，有 51 种；最少的是 3 号站，只有 41 种。各类群在不同站位的种类数分布见表 6-6。

表 6-6　游泳动物各类群种类在各站位的分布

站位	种数与百分比	鱼类	甲壳类	头足类	总计
1 号站	种数	31	16	4	51
	百分比（%）	60.8	31.4	7.8	100
2 号站	种数	40	19	1	60
	百分比（%）	66.7	31.7	1.7	100
3 号站	种数	27	13	1	41
	百分比（%）	65.9	31.7	2.4	100

2. 区系特征和生态类型

从适温性上看，调查区渔获的 54 种鱼类，以暖水性种类居优势，有 40 种，占鱼类总种数的 74.1%；暖温性鱼类 14 种，占鱼类总种数的 25.9%；未出现冷温性和冷水性鱼类。就生态类型而言，底层和近底层的鱼类占大多数，中上层鱼类次之，岩礁鱼类最少。其中，底层鱼类有 22 种，占 40.7%；近底层鱼类有 18 种，占 33.3%；中上层鱼类有 13 种，占 24.1%；岩礁鱼类只有 1 种，占 1.9%。

鱼类种类在适温类型组成和生态类型组成上存在季节变化，春季调查区渔获的 32 种鱼类中，暖水性种类有 23 种，占鱼类总种数的 71.9%；暖温性鱼类 9 种，占鱼类总种数的 28.1%；未出现冷温性和冷水性鱼类。就生态类型而言，底层鱼类有 14 种，占 43.8%；近底层鱼类有 12 种，占 37.5%；中上层鱼类有 5 种，占 15.6%；岩礁鱼类只有 1 种，占 3.1%。秋季暖水性种类有 33 种，占 78.6%，暖温性种有 9 种，占 21.4%。就生态类型而言，底层鱼类有 16 种，占 38.1%；近底层鱼类有 13 种，占 31.0%；中上层鱼类有 12 种，占 28.6%；岩礁鱼类有 1 种，占 2.4%。暖水性和中上层鱼类种类的比例秋季比春季有明显的增大。详见图 6-64 和图 6-65。

6.5.3　游泳动物的数量分布

两个航次调查共拖 6 个网次，其中春季航次每网拖 40min，秋季航次 1 号、2 号站拖 30min，3 号站拖 20min。两个航次共获得渔获物 69.42kg（4517ind.），换算成单位时间每网渔获量为 21.44kg/h（1462ind./h）。其中鱼类平均每网 17.61kg/h，

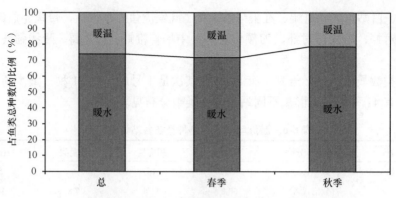

图 6-64　鱼类种类适温类型组成的季节变化

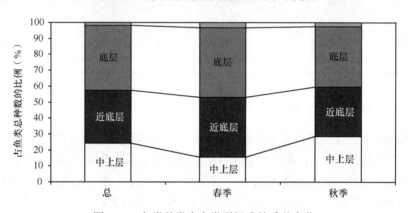

图 6-65　鱼类种类生态类型组成的季节变化

占 82.1%，甲壳动物平均每网 3.51kg/h，占 16.4%，头足类平均每网 0.32kg/h，占 1.5%。每网渔获生物量最高的网次出现在秋季的 2 号站，达 68.05kg/h，主要是由凤鲚的高产所致，此网次凤鲚的渔获量为 40kg/h，占 58.8%；渔获生物量最低的网次出现在春季的 1 号站，为 3.67kg/h（表 6-7）。

表 6-7　游泳动物数量的季节变化和水平分布

季节	类群	1 号站		2 号站		3 号站		均值	
		生物量（kg/h）	密度（ind./h）	生物量（kg/h）	密度（ind./h）	生物量（kg/h）	密度（ind./h）	生物量（kg/h）	密度（ind./h）
春季	鱼类	3.09	96	10.35	309	12.54	393	8.66	266
	甲壳动物	0.58	62	6.95	536	4.89	338	4.14	312
	头足类	0.00	0	0.00	0	0.00	0	0.00	0
	游泳动物	3.67	158	17.30	845	17.43	731	12.80	578
秋季	鱼类	11.10	318	61.58	5042	6.99	873	26.56	2078
	甲壳动物	2.06	326	6.25	294	0.30	36	2.87	219

续表

季节	类群	1 号站		2 号站		3 号站		均值	
		生物量 （kg/h）	密度 （ind./h）	生物量 （kg/h）	密度 （ind./h）	生物量 （kg/h）	密度 （ind./h）	生物量 （kg/h）	密度 （ind./h）
秋季	头足类	1.34	92	0.22	22	0.37	36	0.64	50
	游泳动物	14.50	736	68.05	5358	7.66	945	30.07	2346
总平均	鱼类	7.10	207	35.97	2676	9.77	633	17.61	1172
	甲壳动物	1.32	194	6.60	415	2.60	187	3.51	265
	头足类	0.67	46	0.11	11	0.19	18	0.32	25
	游泳动物	9.09	447	42.68	3102	12.55	838	21.44	1462

本次调查的渔获生物量季节变化明显，秋季的渔获生物量明显高于春季，秋季为 30.07kg/h，春季为 12.80kg/h。从游泳动物类群来看，鱼类的渔获生物量以秋季为高，为 26.56kg/h，春季较少，为 8.66kg/h；甲壳动物以春季为高，为 4.14kg/h，秋季为 2.87kg/h；头足类春季没有渔获，秋季渔获量为 0.64kg/h（表 6-7）。在平面分布上，各站位的渔获量也不均匀，以 2 号站最高，为 42.68kg/h，3 号站次之，为 12.55kg/h，1 号站最少，为 9.09kg/h（表 6-7，图 6-66 和图 6-67）。

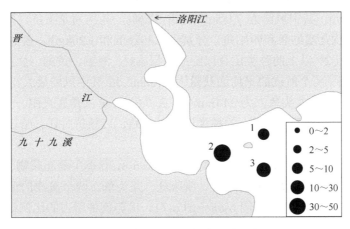

图 6-66 游泳动物总平均渔获生物量分布（kg/h）

本次调查平均每网渔获密度为 1462ind./h，其中鱼类 1172ind./h，占 80.2%，甲壳动物 265ind./h，占 18.1%，头足类 25ind./h，占 1.7%。秋季渔获密度明显高于春季，秋季为 2346ind./h，春季为 578ind./h，秋季是春季的 4 倍。鱼类、头足类密度秋季（分别为 2078ind./h 和 50ind./h）大于春季（分别为 266ind./h 和 0ind./h），甲壳动物密度春季（312ind./h）大于秋季（219ind./h）。在平面分布上，也是以 2 号站密度最大，为 3102ind./h，主要还是大量的凤鲚被捕获的原因，其次是 3 号站，为 838ind./h，1 号站最少，为 447ind./h。

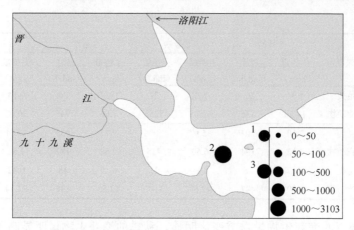

图6-67 游泳动物总平均渔获密度分布（ind./h）

6.5.4 主要种类及其分布

1. 优势种

按渔获生物量计算（换算成单位时间每网渔获量），两个航次调查的平均渔获量为21.44kg/h，其中凤鲚为7.00kg/h，占32.6%，其次为龙头鱼，为1.94kg/h，占9.0%，再次是白姑鱼和叫姑鱼，分别为1.39kg/h和1.20kg/h，占6.5%和5.6%。占平均生物量2%以上的种类还有口虾蛄、日本蟳、海鳗、黄鲫、六指马鲅。

按尾数计，两个航次的平均渔获量为1462ind./h，其中凤鲚最大，为752ind./h，占51.4%，其次是龙头鱼，为114ind./h，占7.8%，再次是鹿斑鲾，为81ind./h，占5.5%。占平均尾数2%以上的种类还有口虾蛄、刀额仿对虾、哈氏仿对虾、叫姑鱼、白姑鱼、中华海鲇。

各季节游泳动物渔获物主要种类组成见表6-8，春季主要渔获物为白姑鱼、叫姑鱼、口虾蛄等，秋季主要是凤鲚、尖嘴缸、龙头鱼。两个航次的调查渔获量分布都比较集中，分布情况见图6-68～图6-77，优势鱼种所占的比例很大。

表6-8 各季节游泳动物渔获物主要种类组成

春季	重量	白姑鱼21.2%、叫姑鱼18.2%、口虾蛄7.6%、黄鲫6.5%、隆线强蟹5.2%
	尾数	口虾蛄10.9%、刀额仿对虾10.6%、叫姑鱼10.5%、哈氏仿对虾10.1%、中华管鞭虾9.7%、黄鲫8.3%、孔鰕虎鱼5.5%、周氏新对虾5.0%
秋季	重量	凤鲚46.0%、尖嘴缸11.2%、龙头鱼11.0%、日本蟳3.4%、海鳗3.4%
	尾数	凤鲚63.7%、龙头鱼9.2%、鹿斑鲾6.8%、中华海鲇2.6%、六指马鲅2.1%

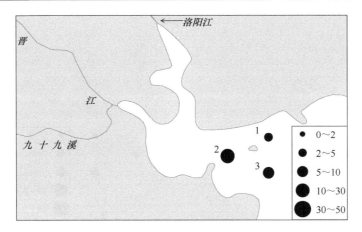

图 6-68　年平均凤鲚生物量分布（kg/h）

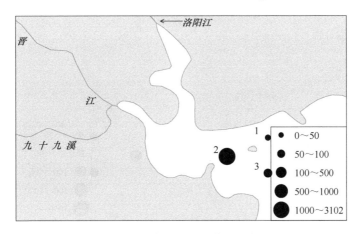

图 6-69　年平均凤鲚数量分布

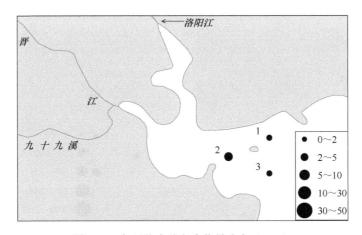

图 6-70　年平均龙头鱼生物量分布（kg/h）

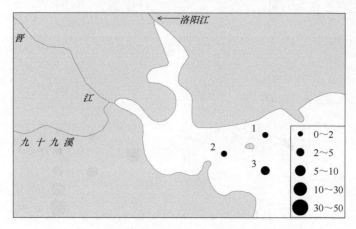

图 6-71　年平均龙头鱼数量分布

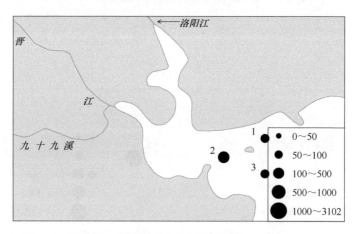

图 6-72　年平均白姑鱼生物量分布（kg/h）

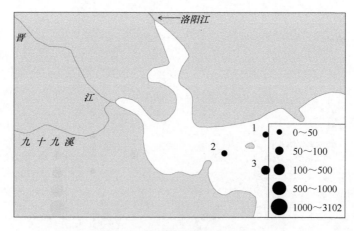

图 6-73　年平均白姑鱼数量分布

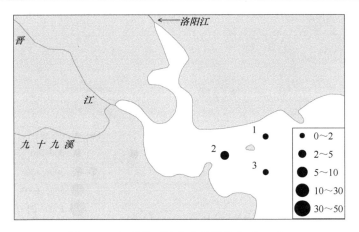

图 6-74 年平均叫姑鱼生物量分布（kg/h）

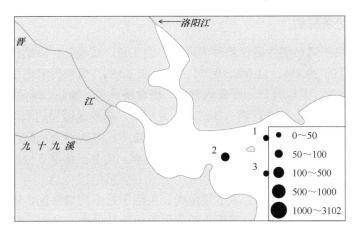

图 6-75 年平均叫姑鱼数量分布

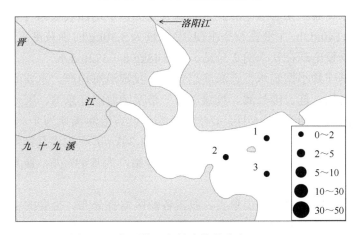

图 6-76 年平均口虾蛄生物量分布（kg/h）

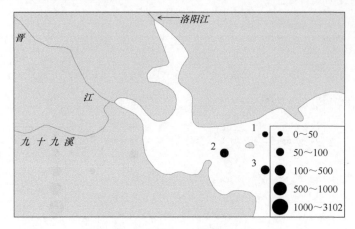

图 6-77　年平均口虾蛄数量分布

2. 主要经济种类

2008 年泉州湾鱼类主要优势种为凤鲚、龙头鱼、尖嘴虹、白姑鱼和叫姑鱼，分别占总重量的 39.8%、11.0%、9.7%、7.9% 和 6.8%。凤鲚为沿海中小型鱼类，栖息于港湾附近，尤以河口一带最为常见，摄食桡足类、糠虾、端足类和鱼卵等。每年 5～6 月，成熟个体成群游入闽江、九龙江口，在流速缓慢的水湾处产卵，仔稚鱼在河口咸淡水交汇的水体生活，我国沿海均产。本次调查凤鲚产量很大，平均渔获量为 7.00kg/h、752ind./h。主要集中在秋季，其中在秋季 2 号站的渔获量达 40kg/h。

龙头鱼为福建沿海常见的中下层鱼类，生活于近岸河口海区，肉食性，摄食小公鱼、日本鳀、赤鼻棱鳀、裘氏小沙丁鱼等小鱼和幼鱼，兼食毛虾、长尾类和头足类。个体不大，一般为 250mm，游动能力不强，秋冬季常随潮流陷入定置网中。我国产于黄海、东海和南海。本次调查龙头鱼平均渔获量为 1.94kg/h，平均渔获密度为 114ind./h。主要在秋季出现，渔获量为 3.30kg/h，渔获密度为 216ind./h。其中最大渔获量出现在秋季的 2 号站，为 6.48kg/h（372ind./h）。

白姑鱼是一种小型温水性近海底层鱼类，我国沿海均产。主要渔场有长江口外海、舟山渔场、连云港外海、鸭绿江口一带及渤海的辽东湾、莱州湾。浙江、江苏等南部海区渔期为 5～6 月，辽宁、山东等北方沿海渔期为 8～9 月。产卵期为春季至夏初，卵浮性。两个航次平均渔获量为 1.39kg/h，平均渔获密度为 30ind./h。主要出现在春季，最大渔获量出现在春季 3 号站，为 5.43kg/h，最大渔获密度为 119ind./h。

叫姑鱼属温暖近海中下层鱼类，我国各海区均有分布。摄食的主要种类为底栖甲壳类。生殖期常游到岸边觅食，在福建产卵期为春季至夏季，在黄、渤海产卵期为夏季，胶州湾可延至秋季，卵浮性。两个航次平均渔获量为 1.20kg/h，平均渔获密度为 32ind./h。主要出现在春季，最大渔获量出现在春季 2 号站，为 4.92kg/h，最大渔获密度为 141ind./h。

口虾蛄两个航次平均渔获量为 0.73kg/h，平均渔获密度为 53ind./h。春秋都有出现，主要出现在春季，春季渔获量占总渔获的 67.9%，最大渔获量出现在春季 3 号站，为 1.73kg/h，最大渔获密度为 108ind./h。

6.5.5 小结

2008 年两个航次调查共记录到游泳动物 83 种，隶属 19 目 42 科 61 属，其中鱼类 14 目 32 科 47 属 54 种（软骨鱼类 5 目 5 科 5 属 6 种、硬骨鱼类 9 目 27 科 42 属 48 种），占游泳动物种类总数的 65.1%，鲈形目种类最多，有 20 种，占鱼类总数的 37.0%；甲壳动物 2 目 7 科 11 属 24 种，占 28.9%；头足类 3 目 3 科 3 属 5 种，占 6.0%。

1985 年 5 月和 10 月，福建省海岸带鱼类调查组在泉州湾开展两次拖网调查，其报告（未出版）显示，该调查共鉴定出鱼类 54 种，主要优势鱼类为条纹斑竹鲨、圆腹鲱、带鱼、鰳鱼和尖嘴魟，分别占总重量的 16.94%、14.20%、8.87%、6.04% 和 5.44%。2001～2002 年的历史调查资料显示，泉州湾全年共记录到游泳动物 142 种，其中鱼类 102 种、甲壳动物 36 种、头足类 4 种，主要的经济种类包括凤鲚、龙头鱼、带鱼、白姑鱼、皮氏叫姑鱼、黄鲫、梅童鱼、鲵鱼、口虾蛄、火枪乌贼等，而 2008 年泉州湾鱼类主要优势种为凤鲚、龙头鱼、尖嘴魟、白姑鱼和叫姑鱼，分别占总重量的 39.78%、11.04%、9.71%、7.90% 和 6.83%。

对比 1985 年与 2008 年数据，可见泉州湾鱼类主要优势种由大型的条纹斑竹鲨和带鱼逐渐衰退到小型的凤鲚和龙头鱼，质量呈下滑趋势。造成这种状况的最主要原因可能是过度捕捞和日益增加的工业化污染导致资源衰退、鱼种迁徙甚至死亡、绝迹。

6.6 浅海大型底栖生物

6.6.1 材料与方法

泉州湾浅海大型底栖生物调查包括定量采泥和底栖拖网两种方式。定量采泥调查分别于 2008 年春季（5 月）和夏季（10 月）进行，春季设置 8 个调查站位，秋季在湾外增加 2 个调查站位，站位同 6.2 节，使用抓斗式采泥器（0.05m²）采集，每站各采泥 5 次，各站样品合并后分选、分析。作为补充调查，底栖拖网作业于 2009 年春季（5 月）开展，包括 QZ02、QZ04、QZ06、QZ08、QZ11 等 5 个站位，主要用于定性分析。样品的处理和分析方法参照《海洋调查规范 第6部分：海洋生物调查》（GB/T 12763.6—2007）和《海洋监测规范 第7部分：近海污染生态调查和生物监测》（GB 17378.7—2007），具体评述方法见6.2.1节。

6.6.2 浅海大型底栖生物种类组成、分布

1. 种类组成

根据2008年春秋两个航次的定量采泥标本和2009年春季底栖拖网标本，共鉴定大型底栖生物152种，2008年春季定量采泥航次56种，2008年秋季定量采泥航次37种，2009年底栖拖网航次91种。从3个航次整体情况来看，藻类1种、腔肠动物3种、多毛类43种、软体动物34种、甲壳动物48种、棘皮动物5种、被囊类2种、鱼类16种。物种名录详见附录3。

（1）定量采泥样品

根据2008年两个航次定量采泥所获得的大型底栖生物标本，共鉴定泉州湾底栖生物76种，春季鉴定56种，秋季鉴定37种。从两个季节总体来看，多毛类40种，居首位，占51.9%，以下依次为甲壳动物22种、软体动物12种、棘皮动物1种、腔肠动物1种、鱼类1种。春秋两季均以多毛类、甲壳动物及软体动物为主要类群，其总和占春季总种类数的96.1%，占秋季种类的100%，为泉州湾浅海大型底栖生物种类组成的重要类群，棘皮动物、腔肠动物、鱼类各1种，此三类总和所占比例仅为3.9%，各种类出现的频率都很低。各类别种类数及所占比例如表6-9所示。

表6-9 泉州湾浅海大型底栖生物各类群统计信息表

类群	春季		秋季		春秋两季	
	种类数	比例（%）	种类数	比例（%）	种类数	比例（%）
腔肠动物	1	1.8	0	0.0	1	1.3
多毛类	29	51.8	22	59.5	40	51.9
软体动物	8	14.3	5	13.5	12	15.6
甲壳动物	16	28.6	10	27.0	22	28.6
棘皮动物	1	1.8	0	0.0	1	1.3
鱼类	1	1.8	0	0.0	1	1.3
合计	56	100	37	100	77	100

（2）底栖拖网采集样品

根据2009年底栖生物拖网获得的资料，共鉴定泉州湾大型底栖生物91种。其中甲壳动物种类最多，有33种，占36%；其次是软体动物，有26种，占29%；

以下依次是鱼类 15 种，多毛类 7 种，棘皮动物和其他动物各 5 种。在数量上，拖网的优势种有棒锥螺、光滑河蓝蛤、鹰爪虾、贪精武蟹等。

种类分布与盐度和沉积物密切相关，泉州湾盐度从湾内河口到湾口水域，为 2.0～30.6。就底质而言，湾内河口 QZ02、QZ04 两站为泥沙，其余三个测站均为沙质。在河口水域出现半咸水或广盐性的种类，如光滑河蓝蛤、安氏白虾、锯齿长臂虾、七丝鲚和大海鲶等。而棘皮动物的小卷海齿花、砂海星、芮氏刻肋海胆、张氏芋海参和棘刺锚参仅分布于湾口的 QZ08 和 QZ11 站位。虾类、蟹类喜栖于沙质的海底，如鹰爪虾在 QZ06、QZ08 站位，其数量分别为 42 个/网和 39 个/网；扁足异对虾在 QZ08 站位出现，数量为 42 个/网；中华近方蟹在 QZ08、QZ11 两站的数量分别为 19 个/网和 24 个/网。底内动物主要分布于泥沙底质，如多毛类的智利巢沙蚕分布于 QZ02、QZ04 两站的数量分别为 8 个/网和 10 个/网；凸壳肌蛤和光滑河蓝蛤在 QZ04 站位的数量分别为 20 个/网和 44 个/网。

2. 种数平面分布

（1）抓斗采集样品

泉州湾两个航次底栖生物种类数的平面分布图如表 6-10 和图 6-78、图 6-79 所示。春季各站位种类数介于 4～23 种，平均 11 种；秋季各站位种类数介于 1～12 种，平均 5 种。在 QZ01～QZ08 站位中，除 QZ07 外，均为春季高于秋季。

表 6-10　泉州湾浅海大型底栖生物统计信息表

站位	底质	种类数量		栖息密度（个/m²）		生物量（g/m²）		多样性指数（H′）		均匀度指数（J）		丰富度指数（D）	
		春	秋	春	秋	春	秋	春	秋	春	秋	春	秋
QZ01	沙	11	1	604	4	38.92	0.04	1.44	0.00	0.42	1.00	1.08	0.00
QZ02	泥	10	4	76	24	3.16	46.92	2.87	1.92	0.86	0.96	1.44	0.65
QZ03	沙	8	2	56	16	3.04	0.12	2.84	1.00	0.95	1.00	1.21	0.25
QZ04	泥	14	7	1260	96	16.6	8.72	1.54	1.89	0.41	0.67	1.26	0.91
QZ05	泥	14	6	224	68	15.52	0.96	2.51	1.73	0.66	0.67	1.67	0.82
QZ06	沙	23	12	272	160	24.41	3.72	3.89	2.55	0.86	0.71	2.72	1.50
QZ07	沙	6	9	48	540	0.92	2.04	2.13	0.60	0.82	0.19	0.90	0.88
QZ08	沙	4	2	20	8	1.24	0.16	1.92	1.00	0.96	1.00	0.69	0.33
QZ09	泥	/	7	/	48	/	2.76	/	2.58	/	0.92	/	1.07
QZ11	泥沙	/	2	/	16	/	2.72	/	1.00	/	1.00	/	0.25
平均	/	11	5	320	98	12.98	6.82	2.39	1.43	0.74	0.81	1.37	0.67

注："/"表示未开展调查

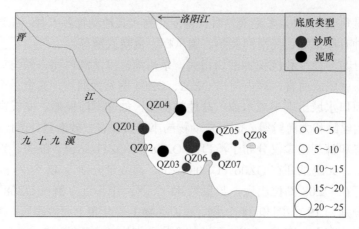

图 6-78　泉州湾浅海大型底栖生物种类数量平面分布（春季航次）

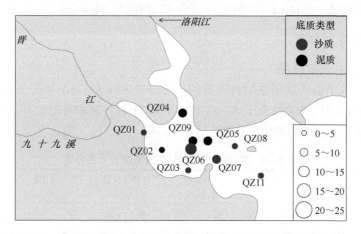

图 6-79　泉州湾浅海大型底栖生物种类数量平面分布（秋季航次）

　　春季最高值均出现在泉州湾中部白屿附近海域（QZ06，23 种），最低值出现在大坠岛左侧海域（QZ08，4 种），在 3 个泥质站位中，北岸的两个站位 QZ04（14种）、QZ05（14 种）种类数量多于南岸的 QZ02 站位（10 种），在晋江与洛阳江两个江河入海口附近站位种类数均超过 10 种。

　　秋季最高值也出现在泉州湾中部白屿附近海域（QZ06，12 种），最低值出现在晋江入海口海域（QZ01，1 种），在 4 个泥质站位中，北岸的 3 个站位 QZ04（7种）、QZ09（7 种）、QZ05（6 种）种类数量多于南岸的 QZ02 站位（4 种）。从整体上看，秋季泥质和沙质底质的底栖生物种类数北岸明显高于南岸。

　　（2）底栖拖网样品

　　从 5 个底栖生物拖网测站来看，底栖生物种类最多的为分布于大坠岛内侧的QZ08 站位，有 40 种，其次是 QZ04 站位（36 种），以下依次是 QZ06 站位（28

种）、QZ02 站位（25 种），QZ11 站位种类最少，仅 18 种。

6.6.3 浅海大型底栖生物栖息密度、生物量分布

1. 抓斗采集样品

（1）栖息密度分布

泉州湾大型底栖生物栖息密度春季介于 20～1260 个/m², 平均 320 个/m², 秋季介于 4～540 个/m², 平均 98 个/m²（表 6-10）。春季多毛类所占比例最高（61.7%），秋季则以甲壳动物所占比例最高（80.4%）。春秋两季均以多毛类、软体动物、甲壳动物为主，三个类群所占比例之和分别为 99.3%、100%，是泉州湾大型底栖生物栖息密度组成的重要类群。棘皮动物、腔肠动物、鱼类等其他类群在春季出现，但所占比例均很小，各种类栖息密度及比例如表 6-11 所示。

表 6-11　泉州湾浅海大型底栖生物栖息密度组成

类群	春季		秋季		春秋两季平均	
	栖息密度（个/m²）	比例（%）	栖息密度（个/m²）	比例（%）	栖息密度（个/m²）	比例（%）
腔肠动物	4	0.2	0	0.0	2	0.1
多毛类	1580	61.7	140	14.3	860	48.6
软体动物	820	32.0	52	5.3	436	24.6
甲壳动物	144	5.6	788	80.4	466	26.3
棘皮动物	4	0.2	0	0.0	2	0.1
鱼类	8	0.3	0	0.0	4	0.2
总计	2560	100	980	100	1770	100

泉州湾浅海大型底栖生物栖息密度平面分布如图 6-80、图 6-81 所示。在春季，栖息密度从湾顶至湾内、湾外逐渐降低，栖息密度最大的两个站位为 QZ04 和 QZ01，分别位于洛阳江入海口后渚附近和晋江入海口，分别达 1260 个/m² 和 604 个/m²，两个站位栖息密度贡献最大的种类分别是加州齿吻沙蚕和光滑河蓝蛤，其栖息密度在对应站位分别高达 880 个/m² 和 452 个/m²。栖息密度最小的两个站位为 QZ08 和 QZ07，分别位于大坠岛西侧附近海域和石湖港东北方向附近海域，栖息密度分别为 20 个/m² 和 48 个/m²。对应泥质和沙质两种底质类型，北岸生物栖息密度高于南岸。在秋季，除石湖港附近海域（QZ07）较高外，生物栖息密度均较低，不展开比较。

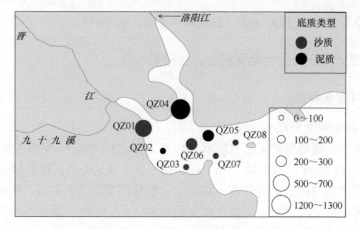

图 6-80　泉州湾浅海大型底栖生物栖息密度平面分布（春季航次）（个/m²）

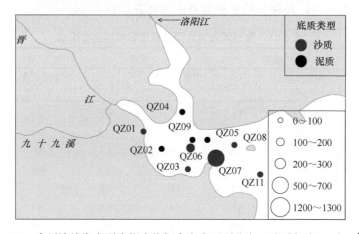

图 6-81　泉州湾浅海大型底栖生物栖息密度平面分布（秋季航次）（个/m²）

（2）生物量分布

泉州湾浅海大型底栖生物生物量组成如表 6-12 所示，生物量平面分布如图
6-82、图 6-83 所示。在春季，整体上生物量由湾顶至湾外、由北至南逐渐减少，
与春季栖息密度相似。生物量最高值出现在晋江入海口，为 38.92g/m²，沿入海口
往下游方向生物量逐渐降低，至蚶江镇附近海域，生物量为 3～3.2g/m²，不足入
海口处的 1/10。生物量最高的站位为 QZ01，超过 35g/m²，其次是 QZ06 站位，为
24.41%，QZ04 和 QZ05 两个站位为 15～17g/m²，其余 5 个站位均不足 5g/m²。主
要有光滑河蓝蛤、棘刺锚参、智利巢沙蚕，其在单站位生物量均超过 10g/m²。在
秋季，除 QZ02 站位附近海域较高外，生物量均不超过 10g/m²，生物量小于春季，
不展开比较。

表 6-12 泉州湾浅海大型底栖生物生物量组成

类群	春季		秋季		春秋两季平均	
	生物量（g/m²）	比例（%）	生物量（g/m²）	比例（%）	生物量（g/m²）	比例（%）
腔肠动物	8.2	7.9	0.0	0.0	4.1	4.7
多毛类	30.7	29.6	8.4	12.3	19.6	22.7
软体动物	45.4	43.7	50.9	74.6	48.2	56.0
甲壳动物	7.2	6.9	8.9	13.1	8.1	9.4
棘皮动物	10.9	10.5	0.0	0.0	5.5	6.3
鱼类	1.4	1.4	0.0	0.0	0.7	0.8
总计	103.8	100	68.2	100	86.0	100

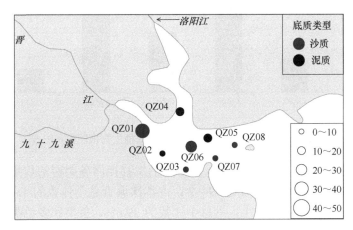

图 6-82 泉州湾浅海大型底栖生物生物量平面分布（春季航次）（g/m²）

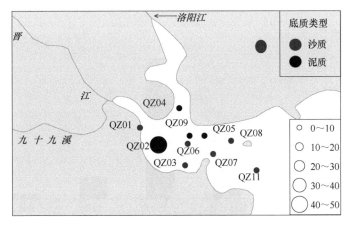

图 6-83 泉州湾浅海大型底栖生物生物量平面分布（秋季航次）（g/m²）

2. 底拖采集样品

本次调查结果表明,底栖生物拖网获得数量最多的站位为 QZ08,其数量达到 338 个/网,其中甲壳动物和软体动物分别 163 个/网和 143 个/网,占该站总数量的 48.2%和 42.3%。其次是 QZ04 站位,其数量为 284 个/网,该站仍以甲壳动物和软体动物占优势,其数量分别为 140 个/网和 95 个/网。QZ06 站位的数量居第三位 (136 个/网)。数量最少的站位为湾口的 QZ11,仅 59 个/网(图 6-84)。

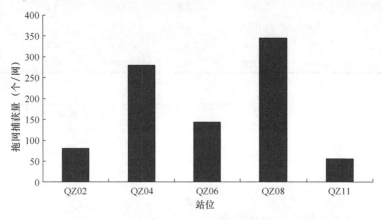

图 6-84　2009 年泉州湾各站位大型底栖生物拖网数量组成

从图 6-85 可以清楚地看出,泉州湾底栖生物拖网各类群的数量比较,以甲壳动物占绝对优势,其个体数达 494 个,占本次调查总个体数的 55.3%。其次是软体动物,其个体数为 265 个,占总个体数的 29.6%。鱼类和多毛类的个体数较少,分别为 70 个和 38 个。底栖生物拖网样品主要以底栖甲壳动物中的虾类和蟹类为主。

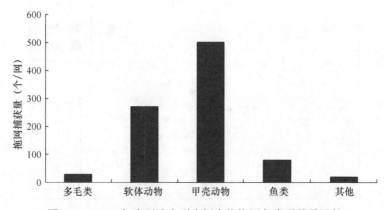

图 6-85　2009 年泉州湾大型底栖生物拖网各类群数量比较

6.6.4 浅海大型底栖生物群落多样性、均匀度和丰富度

1. 抓斗采集样品

（1）生物多样性

泉州湾浅海大型底栖生物生物多样性指数（H'）平面分布如图 6-86、图 6-87 所示。

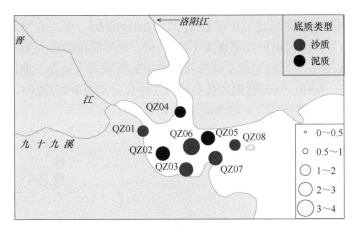

图 6-86　泉州湾浅海大型底栖生物生物多样性指数（H'）平面分布（春季航次）

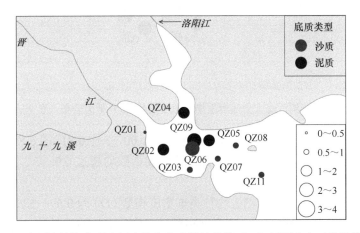

图 6-87　泉州湾浅海大型底栖生物生物多样性指数（H'）平面分布（秋季航次）

春季泉州湾浅海大型底栖生物生物多样性指数为 1.44～3.89，平均 2.39。整体上湾中部(白屿周围)的多样性指数较高,往湾顶和湾口方向逐渐降低(图 6-86)。中间 4 个站位（QZ02、QZ03、QZ05、QZ06）多样性指数相对较高,特别是 QZ06,多样性指数高达 3.89；周围其他的 4 个站位相对较小,在石湖港、大坠岛一侧的

两个站位多样性指数均高于晋江和洛阳江入海口处的两个站位。

秋季泉州湾浅海大型底栖生物生物多样性指数为 0～2.58，平均 1.43。整体上湾中部（白屿周围）的多样性指数较高，往湾顶和湾口方向逐渐降低（图 6-87），最高值出现在 QZ09，多样性指数为 2.58，最低值出现在 QZ01，多样性指数为 0，该站位仅记录到浅古铜吻沙蚕这 1 种大型底栖生物。对应于南北两岸泥质和沙质两种底质，秋季整体上北岸高于南岸。

（2）均匀度

春季泉州湾底栖生物均匀度指数（J）为 0.41～0.96，平均 0.74，整体上由湾顶到湾中、湾外及由内向外逐渐增大（图 6-88）。均匀度指数最大的两个站位分别是 QZ03 和 QZ08，分别位于蚶江镇与石湖港间的海域及大坠岛左侧海域附近，其值分别为 0.95、0.96。均匀度指数最小的两个站位是 QZ01 和 QZ04，位于晋江和洛阳江入海口，其值分别为 0.42 和 0.41。

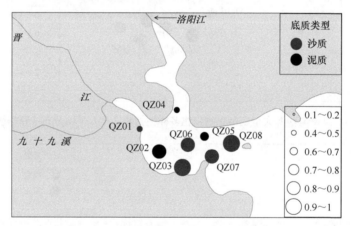

图 6-88　泉州湾浅海大型底栖生物均匀度指数（J）平面分布（春季航次）

秋季泉州湾底栖生物均匀度指数为 0.19～1.00，平均 0.81（图 6-89）。除 QZ04、QZ05、QZ06、QZ07 站位附近海域外，均匀度指数均超过 0.9。

（3）丰富度

春季泉州湾浅海大型底栖生物种类丰富度指数（D）为 0.69～2.72，平均 1.37。从平面分布图上看（图 6-90），丰富度指数呈现中间高、四周低的趋势。丰富度指数最高值出现在白屿周边海域。从晋江入海口沿泉州湾南岸至蚶江镇一带，丰富度指数较低，其值为 1.0～1.4。从石湖港至大坠岛左侧海域丰富度指数最低，丰富度指数为 0.5～1.0。

秋季泉州湾浅海大型底栖生物种类丰富度指数为 0～1.50，平均 0.67。从平面分布图上看（图 6-91），丰富度指数亦呈现中间高、四周低的趋势，与春季相似。丰富度指数最高值出现在白屿周边海域，晋江入海口最低，丰富度指数为 0。

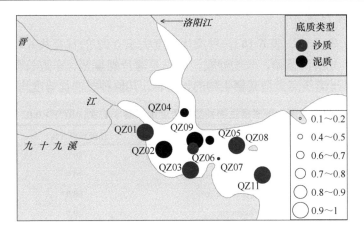

图 6-89 泉州湾浅海大型底栖生物均匀度指数（*J*）平面分布（秋季航次）

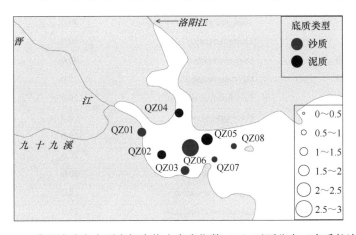

图 6-90 泉州湾浅海大型底栖生物丰富度指数（*D*）平面分布（春季航次）

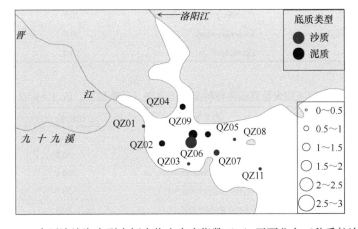

图 6-91 泉州湾浅海大型底栖生物丰富度指数（*D*）平面分布（秋季航次）

（4）种类优势度

经统计（表 6-13、表 6-14），种类优势度大于 0.02 的种类共 6 种，春季是加州齿吻沙蚕、光滑河蓝蛤、长吻沙蚕，秋季是薄片蜾蠃蜚、东方长眼虾、模糊新短眼蟹，为泉州湾浅海大型底栖生物的优势种，其他种类的优势度均不超过 0.02。

表 6-13　泉州湾浅海大型底栖生物种类优势度值（春季航次，取 $Y>0.02$ 的种类）

中文学名	拉丁学名	出现频率（%）	优势度（Y）
加州齿吻沙蚕	*Nephtys californiensis*	40.0	0.139
光滑河蓝蛤	*Potamocorbula laevis*	20.0	0.045
长吻沙蚕	*Glycera chirori*	60.0	0.023
独毛虫	*Tharyx* sp.	30.0	0.017
侧底理蛤	*Theora lata*	20.0	0.015
加州中蚓虫	*Mediomastus californiensis*	60.0	0.012
似蛰虫	*Amaeana trilobata*	30.0	0.010
索沙蚕	*Lumbrineris* sp.	50.0	0.007
智利巢沙蚕	*Diopatra chiliensis*	40.0	0.006
东方长眼虾	*Ogyrides orientalis*	20.0	0.005
膜质伪才女虫	*Pseudopolydora kempi*	20.0	0.003
日本稚齿虫	*Prionospio japonica*	10.0	0.002
不倒翁虫	*Sternaspis scutata*	20.0	0.002
锤角全刺沙蚕	*Nectoneanthes alatopalpis*	20.0	0.001
新多鳃齿吻沙蚕	*Nephtys neopolybranchia*	20.0	0.001
矛角樱蛤	*Angulus lanceolatus*	10.0	0.001
薄片蜾蠃蜚	*Corophium lamellatum*	20.0	0.001
日本大鳌蜚	*Grandidierella japonica*	10.0	0.001
背蚓虫	*Notomastus latericeus*	10.0	0.001
食蟹豆齿鳗	*Pisodonophis cancrivorus*	20.0	0.001
东方刺尖锥虫	*Scoloplos rubra*	20.0	0.001
轭螺	*Zeuxis* sp.	10.0	0.001

表 6-14　泉州湾浅海大型底栖生物种类优势度表（秋季航次，取 $Y>0.02$ 的种类）

中文学名	拉丁学名	出现频率（%）	优势度（Y）
薄片蜾蠃蜚	*Corophium lamellatum*	30.0	0.159
东方长眼虾	*Ogyrides orientalis*	30.0	0.033
模糊新短眼蟹	*Neoxenophthalmus obscurus*	30.0	0.029
寡鳃齿吻沙蚕	*Nephtys oligobranchia*	30.0	0.004
智利巢沙蚕	*Diopatra chiliensis*	20.0	0.003
长吻沙蚕	*Glycera chirori*	20.0	0.002

续表

中文学名	拉丁学名	出现频率（%）	优势度（Y）
内卷齿蚕	*Aglaophamus* sp.	20.0	0.002
独毛虫	*Tharyx* sp.	20.0	0.002
光滑河蓝蛤	*Potamocorbula laevis*	10.0	0.002
花冈钩毛虫	*Sigambra hanaokai*	20.0	0.002
加州齿吻沙蚕	*Nephtys californiensis*	20.0	0.002
变肋角贝	*Dentalium octangulatum*	20.0	0.002
奇异稚齿虫	*Paraprionospio pinnata*	20.0	0.002
浅古铜吻沙蚕	*Glycera subaenea*	20.0	0.002
秀丽织纹螺	*Nassarius festivus*	10.0	0.002
不倒翁虫	*Sternaspis scutata*	10.0	0.001
多齿全刺沙蚕	*Nectoneanthes multignatha*	10.0	0.001
寡节甘吻沙蚕	*Glycinde gurjanovae*	10.0	0.001
颗粒六足蟹	*Hexapus granuliferus*	10.0	0.001
日本角吻沙蚕	*Goniada japonica*	10.0	0.001
日本稚齿虫	*Prionospio japonica*	10.0	0.001
弯指伊氏钩虾	*Idunella curidactyla*	10.0	0.001
文蛤	*Meretrix meretrix*	10.0	0.001

2. 底拖采集样品

2009 年泉州湾底拖大型底栖生物生物多样性统计信息如表 6-15 所示。

表 6-15 泉州湾底栖生物（拖网）生物多样性统计信息

站号	种类数量（S）	多样性指数（H'）	丰富度指数（D）	均匀度指数（J）
QZ02	25	4.17	5.71	0.91
QZ04	36	4.22	6.18	0.82
QZ06	28	3.56	5.50	0.74
QZ08	40	3.51	6.70	0.66
QZ11	18	3.10	4.19	0.74
平均	29.40	3.71	5.66	0.77

（1）生物多样性

泉州湾底栖生物拖网种类多样性指数（H'）较高，全海区种类多样性指数平均为 3.71。各测站的种类多样性指数有所差别，其中以 QZ04 站位的多样性指数最高（4.22），其次是 QZ02 站位（4.17），而湾口的 QZ11 站位多样性指数较低（3.10）。

（2）均匀度

均匀度指数（J）平均值为 0.77，属于较高水平。其中以 QZ02、QZ04 两站的均匀度指数较大，分别为 0.91 和 0.82，均匀度指数较小的站位为 QZ08，为 0.66。

（3）丰富度

丰富度指数（*D*）平均值为 5.66，属于中等水平。其中以 QZ08、QZ04 两站丰富度指数较高，分别为 6.70 和 6.18，这两个站的种类数较多，分别为 40 种/站和 36 种/站，拖到的生物个体数在本航次也最多，分别为 338 个/网和 284 个/网。

6.6.5 小结

1. 种类与分布

根据 2008 年春秋两个航次的定量采泥标本和 2009 年春季底栖拖网标本，共鉴定大型底栖生物 152 种，2008 年春季定量采泥航次 56 种，2008 年秋季定量采泥航次 37 种，2009 年春季底栖拖网航次 91 种。泉州湾大型底栖生物以甲壳动物（48 种）、多毛类（43 种）和软体动物（34 种）占绝对优势，所占比例之和高达82.2%。底栖生物拖网调查以甲壳动物占优势，定量采泥调查以多毛类占优势。

泉州湾两个航次的优势种不同，春季主要是加州齿吻沙蚕、光滑河蓝蛤、长吻沙蚕，秋季则为薄片蜾蠃蜚、东方长眼虾、模糊新短眼蟹。拖网的优势种有棒锥螺、光滑河蓝蛤、鹰爪虾、贪精武蟹等。

种类分布与盐度和沉积物密切相关。在河口水域出现半咸水或广盐性的种类，如光滑河蓝蛤、安氏白虾、锯齿长臂虾、七丝鲚和海鲶等；湾口水域出现小卷海齿花、砂海星、芮氏刻肋海胆、张氏芋海参和棘刺锚参等棘皮动物。沙质站位鹰爪虾、扁足异对虾和中华近方蟹等虾蟹类数量较大；泥沙质站位底内动物如智利巢沙蚕、凸壳肌蛤、光滑河蓝蛤和麦氏偏顶蛤等分布数量较大。

2. 栖息密度和生物量

栖息密度：春季介于 20～1260 个/m²，平均 320 个/m²，秋季介于 4～540 个/m²，平均 98 个/m²。春季多毛类所占比例最高（61.7%），秋季则以甲壳动物所占比例最高（80.4%）。在春季，栖息密度从湾顶至湾内、湾外逐渐降低，对应泥质和沙质两种底质类型，北岸生物栖息密度高于南岸。在秋季，除石湖港附近海域（QZ07）较高外，生物栖息密度均较低。

底栖生物拖网数量以湾口的 QZ08 站位最多，其数量达到 338 个/网，该站占全海区总数量的 37.8%。其次是湾内的 QZ04 站，其数量为 284 个/网，该站占全海区的 31.8%。甲壳动物的数量占绝对优势，其次是软体动物，鱼类和多毛类的个体数较少。

生物量：春季介于 1.24～38.92g/m²，平均 12.98g/m²，秋季介于 0.04～46.92个/m²，平均 6.82 个/m²。春秋两季生物量平面分布相似，整体上由湾顶至湾外、由北至南逐渐减少。

3. 生物多样性、均匀度和丰富度分析

生物多样性指数（H'）春季为 1.44～3.89，平均 2.39，秋季为 0～2.58，平均 1.43。两个航次均以湾中部（白屿周围）的多样性指数较高，往湾顶和湾口方向逐渐降低。均匀度指数（J）春季为 0.41～0.96，平均 0.74，整体上由湾顶到湾中、湾外及由内向外逐渐增大，秋季为 0.19～1.00，平均 0.81。丰富度指数（D）春季为 0.69～2.72，平均 1.37，秋季为 0～1.50，平均 0.67。两个航次的丰富度指数均呈现中间高、四周低的趋势。

底栖生物拖网种类多样性指数较高，多样性指数为 3.10～4.22，平均 3.71；均匀度指数为 0.74～0.91，平均 0.77；丰富度指数为 4.19～6.70，平均 5.66。

6.7 潮间带大型底栖生物

6.7.1 材料与方法

2008 年 5 月上旬、10 月下旬大潮期间，分别在泉州湾开展春、秋两季潮间带大型底栖生物调查。调查期间共设置 7 个断面和 1 个米草滩站位，具体如下。

红树林断面 1 个：洛阳江红树林断面（H1）。

泥滩断面 4 个：泉州湾乌屿米草断面（M1）、秀涂泥滩断面（M2）、陈埭泥滩断面（M3）、蚶江泥滩断面（M4）。

米草滩站位 1 个：秋季航次期间，在秀涂泥滩断面（M2）附近，选择米草长势好的区域确定 3 个采样点，将米草割除后采泥，混合成一个样品（M5）。

沙滩断面 1 个：祥芝沙滩断面（S1）。

岩石断面 1 个：下洋岩石断面（R1）。

每个断面分别在高、中、低三个潮区设置 1 个、3 个、1 个采样站位。样品采集、处理和分析方法参照《海洋调查规范 第 6 部分：海洋生物调查》（GB/T 12763.6—2007）和《海洋监测规范 第 7 部分：近海污染生态调查和生物监测》（GB 17378.7—2007）。采集到的底泥使用自制底栖生物漩涡分选器淘洗。

在采样期间，因建设泉州市沿海大通道等原因，乌屿米草断面（M1）、秀涂泥滩断面（M2）、陈埭泥滩断面（M3）、蚶江泥滩断面（M4）四条潮间带断面的高潮区均遭受不同程度的破坏，部分航次未采集到高潮区样品，即使采集到样品，样品种类单一，因此为了便于不同季节、生境和断面间的比较分析，在处理泥滩断面数据时，将高潮区种类计入断面的总种类数，在统计栖息密度、生物量、多样性指数时则均未考虑高潮区，仅红树林、岩石、沙滩三条断面均考虑高潮区。具体评述方法见 6.2.1 节。

6.7.2 潮间带底栖生物种类组成和分布

1. 种类组成

泉州湾潮间带春秋两季底栖生物共鉴定 225 种（春季 188 种、秋季 91 种），其中软体动物 79 种、多毛类 66 种、甲壳动物 61 种，其他生物（包括藻类、腔肠动物、棘皮动物、星虫动物、纽形动物、鱼类、尾索动物、扁形动物、寡毛类）共 19 种，其中软体动物、多毛类、甲壳动物分别占 35.1%、29.3%、27.1%，合计 91.5%，为泉州湾潮间带底栖生物种类组成的重要类群，其他种类所占比例仅 8.4%。两个季节不同类群的种类数如表 6-16 所示，物种名录详见附录 3。

表 6-16　泉州湾潮间带大型底栖生物统计信息表

编号	底质	种类数		栖息密度（个/m²）		生物量（g/m²）		多样性指数（H'）		均匀度指数（J）		丰富度指数（D）	
		春	秋	春	秋	春	秋	春	秋	春	秋	春	秋
H1	泥	25	8	460	174	33.11	50.28	2.98	1.97	0.65	0.70	2.60	0.81
M1	泥	34	2	360	8	32.34	1.95	3.26	0.65	0.68	0.65	3.18	0.34
M2	泥	53	11	995	67	109.30	7.15	2.98	1.77	0.55	0.56	4.32	1.31
M3	泥	49	10	984	42	107.48	3.29	3.50	2.08	0.64	0.74	4.43	1.11
M4	泥	28	5	407	19	51.46	2.93	2.65	2.00	0.55	0.86	3.11	0.94
R1	岩石	78	51	4350	9165	3838.09	2172.18	3.75	1.49	0.63	0.29	4.96	2.43
S1	沙	37	19	1767	120	93.54	35.23	2.38	1.65	0.47	0.42	3.06	2.03

2. 优势种

按照密度统计各断面的优势种，具体如表 6-17 所示。在红树林断面中，新多鳃齿吻沙蚕和寡鳃齿吻沙蚕是春季优势种，缢蛏和短拟沼螺是秋季优势种；在岩石断面，春季优势种是直背小藤壶、短滨螺等，秋季则是棘刺牡蛎、黑荞麦蛤等；在泥滩断面中，春季优势种是侧底理蛤、新多鳃齿吻沙蚕、薄片蜾蠃蜚等，秋季则主要是短拟沼螺；对应于沙滩断面，优势种主要是钩虾类，特别是葛氏胖钩虾、极地蚤钩虾，其中葛氏胖钩虾在春秋两季均是本断面栖息密度最高的种类。

表 6-17　泉州湾潮间带各断面底栖生物优势种（按栖息密度，个/m²）

生境类型	断面	春季			秋季		
		优势种		密度	优势种		密度
红树林	洛阳江	新多鳃齿吻沙蚕	*Nephtys neopolybranchia*	172	缢蛏	*Sinonovacula constricta*	80
		寡鳃齿吻沙蚕	*Nephtys oligobranchia*	110	短拟沼螺	*Assiminea brevicula*	40

续表

生境类型	断面	春季		密度	秋季		密度
		优势种			优势种		
岩石	下洋	直背小藤壶	*Chthamalus moro*	1458	棘刺牡蛎	*Saccostrea echinata*	854
		短滨螺	*Littorina brevicula*	413	黑荞麦蛤	*Xenostrobus atratus*	394
		纹藤壶	*Amphibalanus amphitrite*	546	哈氏圆柱水虱	*Cirolana harfordi*	310
		哈氏圆柱水虱	*Cirolana harfordi*	229	粒结节滨螺	*Nodilittorina radiata*	0
沙滩	祥芝	葛氏胖钩虾	*Urothoe grimaldii*	832	葛氏胖钩虾	*Urothoe grimaldii*	82
		极地蚤钩虾	*Pontoctates altamanimus*	515	蜎螺	*Umbonium vestiarium*	22
泥滩	乌屿	稚齿虫	*Prionospio* sp.	100	轭螺	*Zeuxis* sp.	6
		侧底理蛤	*Theora lata*	100	淡水泥蟹	*Ilyoplax tansuiensis*	1
	秀涂	侧底理蛤	*Theora lata*	449	短拟沼螺	*Assiminea brevicula*	48
		新多鳃齿吻沙蚕	*Nephtys neopolybranchia*	154	轭螺	*Zeuxis* sp.	6
	陈埭	薄片蜾蠃蜚	*Corophium lamellatum*	292	淡水泥蟹	*Ilyoplax tansuiensis*	18
		新多鳃齿吻沙蚕	*Nephtys neopolybranchia*	187	短拟沼螺	*Assiminea brevicula*	14
	蚶江	新多鳃齿吻沙蚕	*Nephtys neopolybranchia*	164	短拟沼螺	*Assiminea brevicula*	9
		薄片蜾蠃蜚	*Corophium lamellatum*	90	东方长眼虾	*Ogyrides orientalis*	3

3. 种类平面分布

各断面大型底栖生物种类数量及平面分布如图 6-92、图 6-93 所示,除下洋岩石断面外,春季各断面的种类数远高于秋季。在春季调查航次中,各调查断面均超过了 25 种,其中秀涂断面和下洋断面超过 50 种,下洋断面高达 78 种。秋季除下洋断面 51 种外,其他断面均不超过 20 种,各断面具体种类数参见表 6-18。

在泥滩断面中,春秋两季北岸秀涂断面的种类数均高于南岸陈埭断面和蚶江断面(秀涂>陈埭>蚶江)。

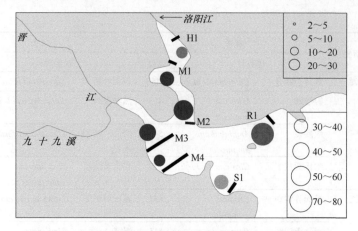

图 6-92　泉州湾潮间带底栖生物种类平面分布（春季航次）

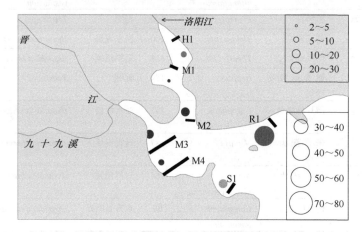

图 6-93　泉州湾潮间带底栖生物种类平面分布（秋季航次）

表 6-18　泉州湾潮间带大型底栖生物各断面种类组成（种类数量）

类群	H1		M1		M2		M3		M4		M5	R1		S1		春秋两季
	春	秋	春	秋	春	秋	春	秋	春	秋	秋	春	秋	春	秋	
藻类	0	0	0	0	0	0	0	0	0	0	0	3	0	1	0	4
腔肠动物	0	0	0	0	0	0	0	0	0	0	0	3	0	0	0	3
扁形动物	0	0	0	0	1	0	0	0	0	0	0	0	0	0	0	1
纽形动物	1	0	1	0	2	0	1	0	1	0	0	0	0	0	0	2
多毛类	11	0	19	0	20	0	23	0	16	0	0	21	0	15	0	66
寡毛类	1	0	1	0	0	0	0	0	0	0	0	0	0	0	0	1
星虫动物	0	0	0	0	1	0	0	0	0	0	0	1	0	0	0	2
软体动物	5	4	7	1	14	5	12	4	6	2	2	33	35	9	9	79
甲壳动物	7	4	6	1	13	7	13	6	5	3	4	14	16	12	10	61

类群	H1		M1		M2		M3		M4		M5	R1		S1		春秋两季
	春	秋	春	秋	春	秋	春	秋	春	秋	秋	春	秋	春	秋	
棘皮动物	0	0	0	0	1	0	0	0	0	0	0	2	0	0	0	3
尾索动物	0	0	0	0	0	0	0	0	0	0	0	1	0	0	0	1
鱼类	0	0	0	0	1	0	0	0	0	0	0	0	0	0	0	2
总计	25	8	34	2	53	12	49	10	28	5	6	78	51	37	19	225

6.7.3 潮间带底栖生物栖息密度、生物量分布

1. 栖息密度、生物量组成

泉州湾潮间带底栖生物栖息密度组成和生物量组成分别如表 6-19、表 6-20 所示。

表 6-19 泉州湾潮间带底栖生物栖息密度组成（个/m²）

类群	红树林断面		泥滩断面		岩石断面		沙滩断面	
	春	秋	春	秋	春	秋	春	秋
腔肠动物	0.0	0.0	0.0	0.0	11.2	0.0	0.0	0.0
扁形动物	0.0	0.0	0.3	0.0	0.0	0.0	0.0	0.0
纽形动物	3.2	0.0	4.4	0.0	0.0	0.0	0.0	0.0
多毛类	357.8	0.0	301.8	0.0	420.8	0.0	183.2	0.0
寡毛类	7.0	0.0	0.6	0.0	0.0	0.0	0.0	0.0
星虫动物	0.0	0.0	0.8	0.0	20.8	0.0	0.0	0.0
软体动物	34.2	124.8	257.8	23.1	1174.4	1632.0	143.2	29.6
甲壳动物	57.4	49.6	120.4	11.6	2717.6	7532.8	1440.2	90.8
棘皮动物	0.0	0.0	0.3	0.0	4.8	0.0	0.0	0.0
合计	459.6	174.4	686.4	34.7	4349.6	9164.8	1766.6	120.4

注：泥滩断面取 M1～M4 四条断面平均值

表 6-20 泉州湾潮间带底栖生物生物量组成（g/m²）

类群	红树林断面		泥滩断面		岩石断面		沙滩断面	
	春	秋	春	秋	春	秋	春	秋
藻类	0.0	0.0	0.0	0.0	19.0	0.0	0.0	0.0
腔肠动物	0.0	0.0	0.0	0.0	7.4	0.0	0.0	0.0
扁形动物	0.0	0.0	0.0	0.0	0.0	0.0	0.0	0.0
纽形动物	0.0	0.0	0.1	0.0	0.0	0.0	0.0	0.0
多毛类	1.6	0.0	4.4	0.0	12.6	0.0	7.0	0.0

类群	红树林断面		泥滩断面		岩石断面		沙滩断面	
	春	秋	春	秋	春	秋	春	秋
寡毛类	0.0	0.0	0.0	0.0	0.0	0.0	0.0	0.0
星虫动物	0.0	0.0	0.3	0.0	1.5	0.0	0.0	0.0
软体动物	8.9	3.9	62.3	2.2	3356.3	1368.3	66.6	32.3
甲壳动物	22.5	46.3	7.8	1.8	434.0	803.9	19.9	3.0
棘皮动物	0.0	0.0	0.3	0.0	7.3	0.0	0.0	0.0
合计	33.0	50.3	75.2	4.0	3838.1	2172.2	93.5	35.3

注：泥滩断面取 M1~M4 四条断面平均值

栖息密度组成：岩石断面、沙滩断面春秋两季均以甲壳动物、软体动物为主；泥滩断面春季以多毛类、软体动物为主，秋季以软体动物、甲壳动物为主；红树林断面春季以多毛类、甲壳动物为主，秋季则以软体动物、甲壳动物为主。其他种类所占比例较小。

生物量组成：泥滩断面、岩石断面、沙滩断面两季均以软体动物为主，其次为甲壳动物，红树林断面两季均以甲壳动物为主，其次是软体动物。

2. 栖息密度、生物量平面分布

泉州湾 7 条潮间带断面栖息密度春秋两季分别介于 360~4350 个/m²、8~9165 个/m²；生物量春秋两季分别介于 33~3838g/m²、2~2172g/m²。其平面分布如图 6-94~图 6-97 所示。

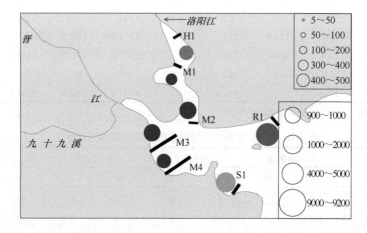

图 6-94 泉州湾潮间带底栖生物栖息密度平面分布（春季航次）（个/m²）

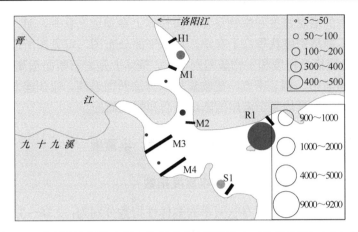

图 6-95 泉州湾潮间带底栖生物栖息密度平面分布（秋季航次）（个/m²）

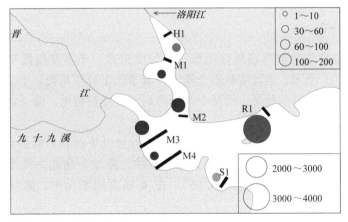

图 6-96 泉州湾潮间带底栖生物量平面分布（春季航次）（g/m²）

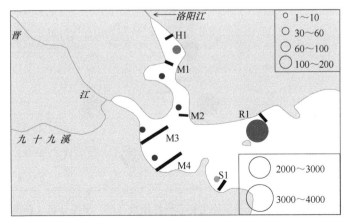

图 6-97 泉州湾潮间带底栖生物量平面分布（秋季航次）（g/m²）

春秋两季的栖息密度和生物量各断面整体上春季远高秋季，唯一例外是下洋岩石断面，其栖息密度秋季高于春季。对比平面分布图，可见在所选定的 7 条断面中，不同生境栖息密度和生物量差别很大，整体上是岩石断面远高于软相断面。在 4 条泥滩断面中，栖息密度、生物量均以秀涂断面最高，泉州湾北岸对照断面的栖息密度和生物量均高于南岸的陈埭断面和蚶江断面。

6.7.4 潮间带底栖生物群落多样性、均匀度、丰富度

1. 多样性指数、均匀度指数、丰富度指数

泉州湾 7 条潮间带断面春秋两季的多样性指数分别为：2.38～3.75（春季）、0.65～2.08（秋季）；均匀度指数分别为 0.47～0.68、0.29～0.86；丰富度指数分别为 2.60～4.96、0.34～2.43。

2. 平面分布

潮间带底栖生物群落多样性指数、均匀度指数、丰富度指数平面分布如图 6-98～图 6-103 所示。对比春秋两个季节，春季的多样性指数、丰富度指数各断面均高于秋季，且差别明显；而两个季节的均匀度指数相近，除下洋断面外，其他断面差别不明显。

生物多样性指数（H'）：春季生物多样性指数以下洋岩石断面最高（3.75），祥芝沙滩断面最低（2.38），在 4 条泥滩断面中，陈埭＞乌屿＞秀涂＞蚶江；秋季陈埭最高（2.08），乌屿最低（0.65），在 4 条泥滩断面中，陈埭＞蚶江＞秀涂＞乌屿。

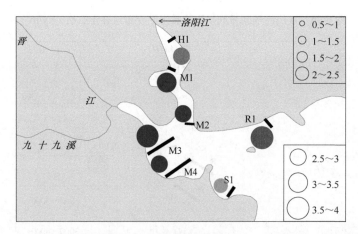

图 6-98　泉州湾潮间带底栖生物生物多样性指数（H'）平面分布（春季航次）

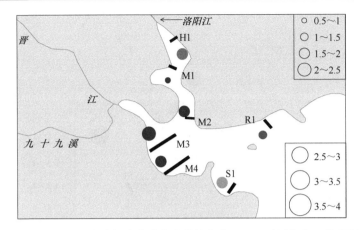

图 6-99　泉州湾潮间带底栖生物生物多样性指数（*H'*）平面分布（秋季航次）

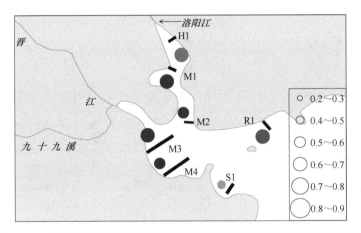

图 6-100　泉州湾潮间带底栖生物均匀度指数（*J*）平面分布（春季航次）

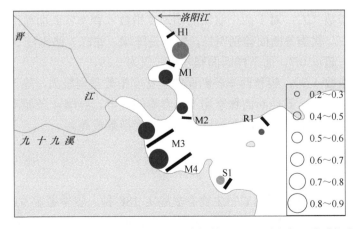

图 6-101　泉州湾潮间带底栖生物均匀度指数（*J*）平面分布（秋季航次）

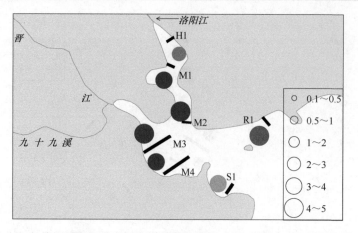

图 6-102　泉州湾潮间带底栖生物丰富度指数（D）平面分布（春季航次）

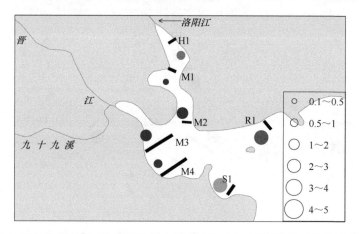

图 6-103　泉州湾潮间带底栖生物丰富度指数（D）平面分布（秋季航次）

均匀度指数（J）：对于两个航次的均匀度指数，春季各断面差别较小，大部分在 0.5 左右，秋季各断面差别明显，特别是陈埭、蚶江、洛阳江 3 个断面均匀度指数较高，超过 0.7，而下洋断面则较小，仅为 0.29。

丰富度指数（D）：春秋两季各断面的丰富度指数差别极大，除下洋断面、祥芝断面差别略小外，其他断面秋季均不及春季的一半。春季 4 条泥滩断面丰富度指数相近，秋季差别较大，两季均以秀涂丰富度指数最高。

6.7.5　小结

泉州湾 7 条潮间带断面底栖生物春季鉴定 188 种、秋季鉴定 91 种，两季共 225 种，其中软体动物 79 种、多毛类 66 种、甲壳动物 61 种，占总种类数的 91.5%，为泉州湾潮间带底栖生物种类组成的重要类群。整体上春季种类数远高于秋季（下洋岩石断面相反)。春季各调查断面均超过了 25 种,下洋断面高达 78 种。冬季除下洋断面 51 种外,其他断面均不超过 20 种。

各断面的优势种(按照栖息密度)种类,受生境类型、和季节影响而不尽相同。红树林断面优势种是新多鳃齿吻沙蚕、寡鳃齿吻沙蚕、缢蛏、短拟沼螺;岩石断面优势种有直背小藤壶、短滨螺、棘刺牡蛎、黑荞麦蛤等;泥滩断面优势种有侧底理蛤、新多鳃齿吻沙蚕、薄片镜蛤蜃、短拟沼螺等;沙滩断面优势种主要是钩虾类,特别是葛氏胖钩虾、极地蚤钩虾,其中葛氏胖钩虾在春秋两季均是沙滩断面栖息密度最高的种类。

各断面栖息密度范围分别为 360～4350 个/m²(春季)、8～9165 个/m²(秋季);生物量分别 33～3838g/m²(春季)、2～2172g/m²(秋季)。春季的栖息密度和生物量整体上远高于秋季。不同生境差别很大,整体上是岩石断面远高于软相断面。

泉州湾 7 条潮间带断面春秋两季的多样性指数范围分别为:2.38～3.75(春季)、0.65～2.08(秋季);均匀度指数分别为 0.47～0.68、0.29～0.86;丰富度指数分别为 2.60～4.96、0.34～2.43。春季的多样性指数、丰富度指数各断面均高于秋季,且差别明显;而两个季节的均匀度指数相近,除下洋断面外,其他断面差别不明显。

在 7 条调查断面中,种类数、栖息密度、生物量、生物多样性指数均以下洋岩相断面最高,春秋两季的种类数量分别高达 78 种、51 种,是泉州湾潮间带底栖生物物种多样性最高的生境,是规划、保护优先考虑的生境。

对比南北两岸的秀涂、陈埭、蚶江 3 条泥滩断面,南岸陈埭、蚶江断面的种类数、栖息密度、生物量均低于北岸,特别是蚶江断面中潮上区(M4-2)未分离到大型底栖生物,揭示南岸潮间带大型底栖生物群落环境压力大,这与泉州湾南岸晋江、石狮的大量陆源排污相吻合。

6.8 互花米草区大型底栖生物

6.8.1 材料与方法

2008 年 10 月下旬大潮期间,在秀涂泥滩断面(M2)附近,选择米草长势好的区域确定 3 个采样点,将米草割除后采泥,混合成一个底栖生物样品(M5),以附近没有米草生长的光滩站位(M2-2、M2-3)作为对照。具体采样、实验室分析参见 6.7 节"潮间带大型底栖生物"部分。具体评述方法见 6.2.1 节。

6.8.2 互花米草区大型底栖生物分布特点

秀涂断面互花米草区与光滩大型底栖生物种类数、栖息密度、生物量、生物多样性指数等分布特点如表 6-21、表 6-22 所示。从中可以看出，米草区与光滩两种生境下的大型底栖生物物种丰度相接近，种类存在重复，米草区在大型底栖生物栖息密度、生物量和生物多样性指数方面具有明显优势。

表 6-21　2008 年秋季秀涂米草区与无米草区（光滩）大型底栖生物统计信息表

编号	断面名称	有无米草	底质	种类数	栖息密度（个/m²）	生物量（g/m²）	多样性指数（H'）	均匀度指数（J）	丰富度指数（D）
M2-2	光滩	无	泥	5	132	19.62	1.30	0.56	0.57
M2-3	光滩	无	泥	3	108	6.00	0.61	0.38	0.30
M5	米草区	有	泥	6	384	59.52	1.60	0.62	0.58

表 6-22　2008 年秋季秀涂米草区与无米草区（光滩）大型底栖生物种类名录

秀涂光滩		秀涂米草区	
中文名	拉丁名	中文名	拉丁名
短拟沼螺	*Assiminea brevicula*	短拟沼螺	*Assiminea brevicula*
轭螺	*Zeuxis* sp.	黑口滨螺	*Littoraria melanostoma*
黑口拟滨螺	*Littoraria melanostoma*	秀丽长方蟹	*Metaplax elegans*
秀丽长方蟹	*Metaplax elegans*	长足长方蟹	*Metaplax longipes*
日本大眼蟹	*Macrophthalmus japonicus*	柔毛梭子蟹	*Portunus pubescens*
		三栉拟相手蟹	*Parasesarma tripectinis*

近年来，国内学者逐渐关注互花米草对生态系统的正面影响，部分学者认为互花米草不仅不妨碍生物多样性，还具有绿化滩涂、涵养淡水、净化水质、促淤保堤及"碳汇"等重要作用，可以作为一种海岸生态物种在我国部分沿海滩涂推广种植。

由于泉州湾周边经济的迅猛发展，泉州湾承载巨大的环境压力，互花米草的存在在净化水质、促淤保堤等多方面具有积极意义。由于互花米草在泉州湾覆盖面积大，因此在制定泉州湾周边生物多样性保护规划与海岸带综合管理举措时需要统筹考虑，不宜实行短期内"一刀切"的根除措施。

7　泉州湾海洋生物多样性保护存在的问题及建议

2007 年 12 月至 2009 年 5 月，本研究课题组在泉州湾及周边多次调研、采样、分析，开展了 4 个季度的大面调查工作，进行了近两周年的生态浮标连续观测。共获得 2 万多组定点调查数据和 20 多万组浮标连续观测数据。初步摸清了泉州湾示范区海洋生物多样性现状及存在的问题，为课题组后续开展示范区海洋生物多样性评价、海洋生物多样性保护区划、制定基于海岸带综合管理的海洋生物多样性保护举措等提供了基础资料，初步总结如下。

7.1　泉州湾海洋生物多样性保护面临的主要问题

7.1.1　泉州湾南岸滩涂大型底栖生物群落环境压力大

根据 2008 年春秋两个航次的调查，泉州湾南岸的陈埭、蚶江潮间带生物的物种多样性、栖息密度、生物量均明显低于北岸的秀涂断面，特别是南岸的蚶江断面，其中潮上区（M4-2）未分离到大型底栖生物。表明泉州湾南岸晋江、石狮在近年来持续的陆源排污影响下，大面积滩涂的大型底栖生物群落所受环境压力较大。

7.1.2　泉州湾鱼类多样性及营养级下降

与 1985 年的调查资料相比，泉州湾鱼类组成发生了很大的变化。暖水性种类由 1985 年的 61.11%增加到 2008 年的 74.1%；底层鱼类由 1985 年的 22.22%增加到 2008 年的 40.7%，这主要是与多种鰕虎鱼的出现有关；1985 年有两种岩礁鱼类出现，而在 2008 年则没有，可能与栖息环境的变化有关。在泉州湾 1989 年和 2008 年共鉴定鱼类 85 种，两个年度都出现的鱼类仅 23 种，占 26.74%，群落的种类组成发生了很大变化。泉州湾鱼类优势种也由大型的条纹斑竹鲨和带鱼逐渐衰退到小型的凤鲚和龙头鱼，质量呈下滑趋势。另外，泉州湾鱼类多样性指数由 3.05 下降到 2.32，均匀度指数由 0.76 下降到 0.58，营养级指数由 2.79 下降到 2.54，其鱼类多样性处于下降状态，整个生态系统结构发生了较大的变化。

泉州湾鱼类多样性下降的主要原因可能是过度捕捞、水域污染和栖息地丧失等。泉州湾鱼类大多数为沿岸、湾内地方性种类，整个生命过程的主要阶段均在沿岸、湾内水域度过，不进行长距离洄游，捕捞和栖息环境的变化对其影响很大。尤其值得注意的是，泉州湾内的鳓鱼和大黄鱼等属于生命周期较长、资源补充量少的优质种类，目前资源量很低，应予以特别保护。

7.1.3　泉州湾上游江河建闸，影响经济鱼类的洄游、栖息和繁殖

据本书作者 2008 年拜访泉州市水利部门时的调研结果，近年来洛阳江上游的水闸几乎常年关闭，晋江上游的金鸡闸仅在大雨、暴雨短时间开启泄洪，往泉州湾输入的淡水量严重减少。另据游泳动物的调查结果，凤鲚是泉州湾秋季主要经济种类，其渔获尾数占秋季航次总尾数的 63.7%，渔获重量占总重量的 46.0%。由于凤鲚属典型的河口性洄游鱼类，晋江和洛阳江上游建闸后将直接影响凤鲚的洄游、产卵和繁殖，进而影响凤鲚的渔业资源量。

7.1.4　互花米草区同样具有一定的生物多样性，其存留需统筹考虑

根据 2008 年秋季的调查结果，泉州湾秀涂海域附近米草区大型底栖生物的栖息密度、生物量和生物多样性指数均高于附近的光滩。另据国内外相关研究，互花米草的存在在净化水质、促淤保堤等多方面具有一定的积极意义。由于近年来泉州湾周边经济的迅猛发展，泉州湾承载着巨大的环境压力，在泉州湾广泛覆盖互花米草具有积极意义，因此在制定泉州湾周边生物多样性保护规划与海岸带综合管理举措时需要统筹考虑，短期内不宜实行根除举措。

7.2　泉州湾海洋生物多样性保护的重点区域

根据本书调查的内容，我们认为确定泉州湾海洋生物多样性保护的重点区域需要考虑以下几个方面，供课题组开展海洋生物多样性保护相关的评价与区划、制定保护举措时参考。

7.2.1　泉州湾海洋生物多样性保护的敏感区域和脆弱区域

敏感区域：如下洋岩石断面是潮间带栖息密度、丰度、生物量分布的高值区域；洛阳江和晋江入海口是浮游生物生物量或密度分布丰富的区域；QZ06、QZ07、QZ09 等站位为某一季节浮游生物、游泳动物或底栖生物物种丰度的高值区域，在规划时需尽量保护其现状。

脆弱区域：如泉州湾南岸的浅海大型底栖生物和潮间带生物种类数、栖息密度、生物量均低于北岸，特别是蚶江断面中潮区（M4-2），在调查时未分离到大

型底栖生物,表明泉州湾南岸特别是陈埭、水头等区域的海洋生物群落所承受的环境压力较大,是泉州湾海域的脆弱地带。

7.2.2 泉州湾及周边环境污染严重的区域

泉州湾及周边环境主要污染因子有无机氮、无机磷、石油类、持久性有机污染物等。具体分布区域参见表 5-1、表 5-2。

7.2.3 泉州湾及周边的特殊生态系统分布区域

泉州湾及周边的特殊生态系统分布区域包括红树林分布区域、互花米草分布区域、海岛等。需要特别指出的是,互花米草区具有一定的海洋生物多样性,同时具有净化水质、"碳汇"等重要作用,从一定角度上讲,对于目前污染严重的泉州湾来讲,互花米草的存在具有一定的积极意义,在制定规划和相应管理举措时需统筹考虑。

7.2.4 泉州湾现有自然保护区和海洋民俗文化保护区

泉州湾现有自然保护区和海洋民俗文化保护区,包括泉州湾河口湿地省级自然保护区及惠安女、蟳埔女民俗文化核心区等,具体分布区域参见本书第 1 章。

7.3 泉州湾海洋生物多样性保护管理措施和建议

近年来,福建省泉州市各级政府重视泉州湾的海洋生态环境保护,开展系列保护工作,主要有泉州湾河口湿地省级自然保护区建设与推进、泉州湾近海水域环境污染治理、泉州湾海洋环境监测及泉州湾海洋环境整治、生态修复与执法行动,并结合泉州湾开展了国家级和省级研究项目,这些工作直接或间接推动了泉州湾海洋生物多样性的保护工作,但由于受上述多方面压力的共同影响,泉州湾的海洋生物多样性保护现状仍不乐观,急需以保护海洋生物多样性为目标的海岸带综合规划技术和管理措施,具体建议如下。

1)推进泉州湾河口湿地省级自然保护区的建设工作。生态学界已经达成共识,保护生境就是保护生物多样性,而最有效的保护生境的措施就是建立自然保护区。因此推进泉州湾河口湿地省级自然保护区的建设工作是泉州湾海洋生物多样性保护工作的重点。

2)重视本研究所提出的泉州湾存在的"热点"区域和存在的"热点"问题(本书 7.2 节),并将其作为泉州市各级海洋、渔业、环保部门开展海洋生物多样性保护工作、控制陆源污染的重要参考依据，高度重视泉州湾及周边环境中邻苯二甲酸酯类、多氯联苯、芳香胺等之前被忽视的有机污染物的监测和管理。

3）在泉州湾及周边污染严重的区域开展生态修复工作。将生态修复纳入生物多样性保护相关的规划与管理举措中，并在污染严重的海域如泉州湾南岸大面积滩涂开展生态修复工作。

4）渔业捕捞：限制泉州湾湾内鳗苗捕捞和定置网捕捞作业，严格执行伏季休渔制度，探讨渔业劳动力转移与补偿机制，保护泉州湾渔业资源。

5）慎重处理泉州湾内现存的大面积互花米草。从一定角度上看，对于目前污染严重的泉州湾来讲，大面积存在的互花米草具有积极意义，不宜盲目消除。

参 考 文 献

蔡福龙, 林志锋, 陈英, 杨加东, 陈淑美, 蔡锋, 钱鲁闽. 1997. 热带海洋环境中 BHC 和 DDT 的行为特征研究 I 中国珠江口区旱季 BHC 和 DDT 的含量与分布. 海洋环境科学, 5: 16(2): 9-14.

蔡娜娜. 2009. 泉州湾河口湿地保护现状与对策. 现代农业科技, 21: 253-255.

蔡清海, 陈于望, 陈水土, 蔡明刚. 2007. 福建主要港湾的环境质量. 北京: 海洋出版社.

陈彬, 等. 2012. 基于海岸带综合管理的海洋生物多样性保护管理技术. 北京: 海洋出版社.

陈伟琪, 洪华生, 张珞平, 徐立, 王新红, 洪丽玉. 2000. 闽江口-马祖海域表层沉积物中有机氯污染物的残留水平与分布特征. 海洋通报, 19(2): 53-58.

陈卓敏, 高效江, 宋祖光, 麦碧娴. 2006. 杭州湾潮滩表层沉积物中多环芳烃的分布及来源. 中国环境科学, 26(2): 233-237.

池继松, 颜文, 张干, 郭玲利, 刘国卿, 刘向, 邹世春. 2005. 大亚湾海域多环芳烃和有机氯农药的高分辨率沉积记录. 热带海洋学报, 24(6): 44-52.

戴泉水. 2005. 台湾海峡及其邻近海域游泳生物种类组成和资源现状. 水产学报, 29(2): 205-210.

福建省海岸带与海涂资源综合调查领导小组办公室. 1990. 福建省海岸带和海涂资源综合调查报告. 北京: 海洋出版社.

福建省海岛资源综合调查编委会. 1996. 福建省海岛资源综合调查研究报告. 北京: 海洋出版社.

龚香宜, 祁士华, 吕春玲, 苏秋克, 王伟, 李敏. 2007. 泉州湾沉积物柱状样中有机氯农药的垂直分布特征. 海洋环境科学, 26(4): 369-372.

胡雄星, 韩中豪, 周亚康, 王文华. 2007. 黄浦江表层水体中邻苯二甲酸酯的分布特征及风险评价. 环境化学, 26(2): 258-259.

黄宗国. 2004. 海洋河口湿地生物多样性. 北京: 海洋出版社.

纪剑锋. 2010. 泉州湾河口湿地自然保护区管理的现状与对策. 泉州师范学院学报(自然科学), 28(6): 5-7.

康跃惠, 麦碧娴, 盛国英, 傅家谟. 2000. 珠江三角洲河口及邻近海区沉积物中含氯有机污染物的分布特征. 中国环境科学, 20(3): 245-249.

李朝新, 刘振夏, 胡泽建, 谷东起, 边淑华. 2004. 泉州湾泥沙运移特征的初步研究. 海洋通报, 23(2): 25-31.

李荣冠, 王建军, 林俊辉. 2014. 福建典型滨海湿地. 北京: 科学出版社.

林晨. 2008. 泉州湾河口湿地沉积物及典型生物中重金属污染研究. 厦门大学硕士学位论文.

林建清, 王新红, 洪华生, 陈伟琪, 刘日先, 黄哲强. 2003. 湄洲湾表层沉积物中多环芳烃的含量分布及来源分析, 环境化学, 42(5): 633-638.

刘碧云. 2004. 泉州湾重要湿地的现状评价与保护对策研究. 林业勘察设计, 2: 20-24.

刘敏, 侯立军, 邹惠仙, 杨毅, 陆隽鹤, 王晓蓉. 2001. 长江口潮滩表层沉积物中多环芳烃分布特征. 中国环境科学, 21(4): 343-346.

刘瑞玉. 2008. 中国海洋生物名录. 北京: 科学出版社.

刘现明, 徐学仁, 张笑天, 张国光, 李红, 周传光. 2001b. 大连湾沉积物中的有机氯农药和多氯联苯. 海洋环境科学, 20(4): 40-44.

刘现明, 徐学仁, 张笑天, 周传光, 李红. 2001a. 大连湾沉积物中 PAHs 的初步研究. 环境科学学报, 21(4): 508-510.

刘豫. 2018. 泉州山美水库、泉州湾沉积物中多溴二苯醚的时空分布和环境风险评价. 华侨大学硕士学位论文.

陆洋, 袁东星, 邓永智. 2007. 九龙江水源水及其出厂水邻苯二甲酸酯污染调查. 环境与健康杂志, 24(9): 703-705.

吕景才, 赵无凤, 徐恒振, 周传光, 李洪, 张启华, 齐红莉, 郭郁, 腾跃. 2002. 大连湾、辽东湾养殖水域有机氯农药污染状况. 中国水产科学, 9(1): 73-77.

麦碧娴, 林峥, 张干, 盛国英, 闵育顺, 傅家谟. 2000. 珠江三角洲河流和珠江口表层沉积物中有机污染物研究: 多环芳烃和有机氯农药的分布及特征. 环境科学学报, 20(2): 192-197.

阮金山. 1988. 福建沿岸主要水产养殖区海水中铜、铅、镉、锌、汞的分布状况. 渔业环境保护, 3: 11-14.

阮金山. 1996. 泉州湾渔业水域海水中重金属的分布特征. 福建水产, 4: 6-10.

世界资源研究所. 2005. 生态系统与人类福祉 生物多样性综合报告: 千年生态系统评估. 国家环境保护总局履行《生物多样性公约》办公室译. 北京: 中国环境科学出版社.

田蕴, 郑天凌, 王新红. 2004. 厦门西港表层沉积物中多环芳烃(PAHs)的含量、分布及来源. 海洋与湖沼, 35(1): 15-20.

王伟, 祁士华, 龚香宜, 吕春玲, 苏秋克. 2006b. 泉州湾沉积物中有机氯农药含量及风险评估. 环境科学研究, 19(4): 14-18.

王伟, 祁士华, 苏秋克, 吴辰熙, 李敏. 2006a. 泉州湾表层沉积物中残留 DDTs 污染现状及风险评价. 安全与环境工程, 3(1): 41-44.

杨永亮, 麦碧娴, 潘静, 殷效彩, 李凤业. 2003. 胶州湾表层沉积物中多环芳烃的分布及来源. 海洋环境科学, 22(4): 38-43.

袁建军, 谢嘉华. 2002. 泉州湾海洋生态环境质量评价. 福建环境. 19(6): 45-56.

曾锋, 陈丽旋, 崔昆燕, 张干. 2005. 硅胶-氧化铝层析柱-气相色谱法测定沉积物中邻苯二甲酸酯类有机物. 分析化学, 33(8): 1063-1067.

张菲娜, 祁士华, 苏秋克, 龚香宜, 吕春玲, 李敏, 方敏. 2006. 福建兴化湾水体有机氯农药污染状况. 地质科技情报. 25(4): 86-91.

张祖麟, 陈伟琪, 哈里德, 周俊良, 徐立, 洪华生. 2001a. 九龙江口水体中有机氯农药分布特征及归宿. 环境科学. 22(3): 88-92.

张祖麟, 王新红, 哈里德, 周俊良, 陈伟琪, 徐立, 洪华生. 2001b. 厦门西港表层沉积物中多环芳烃(PAHs)的含量分布特征及其污染来源. 海洋通报, 20(1): 35-39.

中国海湾志编纂委员会. 1993. 中国海湾志第八分册(福建南部海湾). 北京: 海洋出版社.

庄婉娥, 汪厦霞, 姚文松, 杨琳, 宋希坤, 弓振斌. 2011. 泉州湾表层沉积物中多环芳烃的含量分布特征及污染来源. 环境化学, 30(5): 928-934.

Chen Y, Zhu L, Zhou R. 2007. Characterization and distribution of polycyclic aromatic hydrocarbon in surface water and sediment from Qiantang River, China. J Hazard Mater, 141(1): 148-155.

Doong R A, Lin Y T. 2004. Characterization and distribution of polycyclic aromatic hydrocarbon contaminations in surface sediment and water from Gao-ping River, Taiwan. Water Res, 38: 1733-1744.

Shi Z, Tao S, Pan B, Fan W, He X C, Zuo Q, Wu S P, Li B G, Cao J, Liu W X, Xu F L, Wang X J, Shen W R, Wong P K. 2005. Contamination of rivers in Tianjin, China by polycyclic aromatic hydrocarbons. Environ Pollut, 134: 97-111.

Sierra J J, Nova M, David S W. 2009. Linking thermal tolerances and biogeography: *Mytilus edulis* (L.) at its southern limit on the east coast of the United States. Biol Bull, 217: 73-85.

Yang D, Qi S H, Zhang Y, Xing X L, Liu H X, Qu C K, Liu J, Li F. 2013. Levels, sources and potential risks of polycyclic aromatic hydrocarbons (PAHs) in multimedia environment along the Jinjiang River mainstream to Quanzhou Bay, China. Marine Pollution Bulletin, 76: 298-306.

Yatawara M, Qi S H, Owago O J, Zhang Y, Yang D, Zhang J P, Burnet J E. 2010. Organochlorine pesticide and heavy metal residues in some edible biota collected from Quanzhou Bay and Xinghua Bay, Southeast China. Journal of Environmental Sciences, 22(2): 314-320.

Zeng F, Cui K Y, Xie Z Y, Liu M, Li Y J, Lin Y J, Zeng Z X, Li F B. 2008. Occurrence of phthalate esters in water and sediment of urban lakes in a subtropical city, Guangzhou, South China. Environ Int, 34: 372-380.

Zhang Z L, Hong H S, Zhou J L, Yu G. 2004. Phase association of polycyclic aromatic hydrocarbons in the Minjiang River Estuary, China. Sci Total Environ, 323 (1-3): 71-86.

附录1 项目介绍

附录 1-A 调查站位布设

调查站位布设见附图 1-A-1 和附表 1-A-1 至附表 1-A-3。

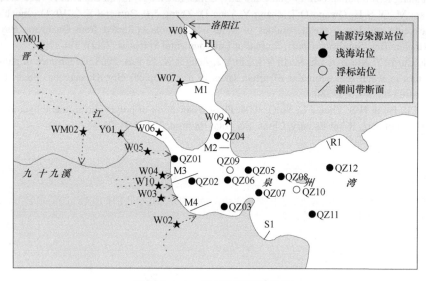

附图 1-A-1 泉州湾调查站位图

附表 1-A-1 泉州湾周边入海江河及陆源排污口调查站位信息表

站位编号	站位	经度	纬度	样品类型
Y01	南高渠	118°35′48″E	24°52′31″N	水体
WM01	金鸡闸	118°30′54″E	24°57′02″N	水体
WM02	晋江入海口断面 1	118°33′46″E	24°54′59″N	水体
WM03	晋江入海口断面 2	118°37′44″E	24°52′31″N	水体
W02	水头十一孔闸	118°39′03″E	24°47′25″N	水体
W02-B	水头十一孔闸附近水头闸	118°38′56″E	24°47′23″N	水体
W03	五孔闸	118°38′10″E	24°48′52″N	水体
W04	九十九溪入海口	118°37′58″E	24°50′02″N	水体
W05	六原水闸	118°38′15″E	24°51′18″N	水体
W06	彩虹沟	118°38′02″E	24°52′30″N	水体
W07	乌屿西闸	118°39′19″E	24°55′14″N	水体

站位编号	站位	经度	纬度	样品类型
W08	洛阳江闸	118°39′59″E	24°57′53″N	水体
W09	黄塘溪闸	118°41′55″E	24°53′07″N	水体
W10	五孔闸上游	118°38′02″E	24°49′33″N	水体

附表 1-A-2　泉州湾浅海站位信息表

站位编号	纬度	经度	样品类型	备注
QZ01	24°51′26″N	118°38′25″E	水体、沉积物、生物生态	
QZ02	24°49′49″N	118°39′54″E	水体、沉积物、生物生态	
QZ03	24°48′25″N	118°41′44″E	水体、沉积物、生物生态	
QZ04	24°52′20″N	118°41′20″E	水体、沉积物、生物生态	
QZ05	24°50′26″N	118°43′05″E	水体、沉积物、生物生态	
QZ06	24°49′53″N	118°41′55″E	水体、沉积物、生物生态	
QZ07	24°49′06″N	118°43′47″E	水体、沉积物、生物生态	
QZ08	24°50′28″N	118°45′01″E	水体、沉积物、生物生态	
QZ09	24°50′26″N	118°50′26″E	水体、沉积物、生物生态	生态浮标
QZ10	24°49′23″N	118°45′50″E	水体、沉积物、生物生态	生态浮标
QZ11	24°48′01″N	118°46′42″E	水体、沉积物、生物生态	
QZ12	24°50′35″N	118°47′40″E	水体、沉积物、生物生态	

附表 1-A-3　泉州湾潮间带采样站位信息

站位	站位编号	纬度	经度	样品类型
洛阳江红树林断面	H1	24°57′18″N	118°41′25″E	潮间带生物
乌屿泥滩断面	M1	24°55′22″N	118°40′6″E	潮间带生物
秀涂泥滩断面	M2	24°51′29″N	118°41′50″E	潮间带生物、沉积物
陈埭泥滩断面	M3	24°50′06″N	118°39′38″E	潮间带生物、沉积物
蚶江泥滩断面	M4	24°48′23″N	118°39′40″E	潮间带生物、沉积物
下洋岩石断面	R1	24°51′40″N	118°47′15″E	潮间带生物
祥芝沙滩断面	S1	24°46′23″N	118°44′03″E	潮间带生物

附录 1-B　调查项目和调查方法

1-B-1　主要调查项目及方法

调查项目包括周边江河及陆源排污口水质、海水水质、沉积物、生物体(缢蛏)、海洋生物生态、渔业资源、生态浮标等 7 类,具体调查指标和调查方法见附表 1-B-1。

附表 1-B-1　泉州湾示范区生物多样性调查指标及方法

项目	指标	监测/分析方法	参考标准
周边江河及陆源排污口水质	盐度	电导法	GB 17378.4—2007
	pH	玻璃电极法	GB 6920—86
	悬浮物	重量法	GB 11901—89
	总磷	过硫酸钾氧化法	GB/T 11893—1989
	总氮	过硫酸钾氧化法	GB 11894—89
	氨-氮	纳氏试剂法	GB 7479—87
	亚硝酸盐氮	萘乙二胺分光光度法	GB 13580.7—92
	活性磷酸盐	磷钼蓝分光光度法	GB 17378.4—2007
	硝酸盐氮	离子色谱法	GB 7480—87
	COD	重铬酸盐法	GB 11914—89
	石油类	红外分光光度法	GB/T 16488—1996
	Cu、Zn、Pb、Cd	火焰原子吸收法	GB 7475—87
	Hg、As	原子荧光法	GB 7468—87
	POP	参见本报告附录 2	
海水水质	温度	表层温度计法	GB 17378.4—2007
	pH	pH 计法	GB 17378.4—2007
	盐度	电导法	GB 17378.4—2007
	溶解氧	碘量法	GB 17378.4—2007
	化学需氧量	碱性高锰酸钾法	GB 17378.4—2007
	活性磷酸盐	磷钼蓝分光光度法	GB 17378.4—2007
	亚硝酸盐氮	盐酸萘乙二胺分光光度法	GB 17378.4—2007
	硝酸盐氮	锌镉还原法	GB/T 12763.4—2007
	氨氮	次溴酸盐氧化法	GB 17378.4—2007
	活性硅酸盐	硅钼黄分光光度法	GB 17378.4—2007
	石油类	紫外分光光度法	GB 17378.4—2007
	叶绿素 a	分光光度法	GB 17378.7—2007
	Cu、Pb、Zn、Cd	原子吸收分光光度法	GB 17378.4—2007
	Hg、As	原子荧光光度法	GB 17378.4—2007
	总磷、总氮	过硫酸钾氧化法	GB17378.4—2007
	悬浮物	重量法	GB 17378.4—2007
	硫化物	亚甲基蓝分光光度法	GB 17378.4—2007
	POP	参见本报告附录 2	
沉积物	硫化物	碘量法	GB 17378.5—2007
	总磷、总氮	过硫酸钾氧化法	
	Cu、Zn、Pb、Cd	原子吸收分光光度法	

续表

项目	指标	监测/分析方法	参考标准
沉积物	Hg、As	原子荧光法	
	油类	紫外分光光度法	
	POP	参见分报告附录 2	
生物体（缢蛏）	石油烃	荧光法	GB 17378.6—2007
	Cu、Zn、Pb、Cd	电感耦合等离子体（ICP）发射光谱法	
	Hg、As	原子荧光法	
	POP	参见分报告附录 2	
海洋生物生态*	浮游植物、浮游动物、底栖生物和潮间带生物	计数法	GB 17378.7—2007
渔业资源	鱼卵和仔稚鱼的数量	拖网法	GB/T 12763.6—2007
	游泳动物	拖网法	GB/T 12763.6—2007
生态浮标	硝酸盐	镉柱还原法	GB 17378.4—2007
	活性磷酸盐	磷钼蓝分光光度法	GB 17378.4—2007
	温度	热敏电阻法	无国内标准
	pH	玻璃复合电极法	无国内标准
	溶解氧	荧光法	无国内标准
	盐度	由电导率计算得出	无国内标准
	叶绿素 a	体内[在浮游生物/藻类体内]荧光法	无国内标准
	蓝绿藻	荧光法	无国内标准

注：* 浮游植物同时使用水采（采水器）和网采（浅水Ⅲ型网）两种方式采集，分析每个站位的水采和网采样品，其中水采样品作为浮游植物分析的定量依据，网样作为浮游植物分析的定性依据。浮游动物同时使用浅水Ⅰ型网和Ⅱ型网两种网具采集，Ⅰ、Ⅱ型浮游生物网采集的样品分别用于大型和中、小型浮游动物（包括夜光藻）的种类鉴定、计数、称重

1-B-2　有机污染物样品采集与处理

根据《海洋监测规范 第 3 部分：样品采集、贮存与运输》（GB 17378.3—1998）中样品采集、贮存与运输技术要求，采集、贮存与运输表层水相、表层沉积相及生物相样品。所有器皿均为玻璃或者金属容器，使用前经铬酸洗液浸泡过夜，碱液和清水交替超声清洗 3 次，再用清水超声清洗 3 次，纯净水润洗 3 次，采样时再用当地表层水荡洗 3 次，以避免器皿带来的污染。

1. 水样采集与过滤

用铝制采水器，采集表层 0.5m 水样，装于 5L 预先处理的棕色广口瓶中。其中陆源入海口采集水样 10L，泉州湾内站位采集水样 5L。样品采集完毕，于 8h

内运回实验室，即用 GF/F 玻璃纤维滤膜（47mm，0.45μm）过滤，按各指标所需用量分装于 500mL、1000mL 预先处理的棕色广口瓶，低温保存，并于采样当天过固相萃取（SPE）柱富集。

2. 表层沉积物样品采集与处理

表层沉积物采用面积为 0.05m² 不锈钢材质抓斗式采泥器采集，置于陶瓷盘中，混合均匀，装至 2.5L 预先处理的棕色广口瓶中。样品运输过程中在瓶外加冰。

将样品均匀摊平在已处理的铝箔（400℃烘箱中处理 4h）上，用玻璃棒划线，促进阴干速度，10 天后样品几乎完全阴干，用预先处理的铝箔封装，置于干燥器中备用。

3. 生物样品采集与处理

采集潮间带代表性生物缢蛏，用预先处理好的铝箔包好，加冰运回实验室。用自来水洗去缢蛏表面的泥土，去壳，纯净水冲洗 3 次，绞碎、匀浆后装入预先处理的棕色广口瓶中，置于-20℃冰箱中冷冻保存。

样品处理采用样品处理专用设备。

附录 1-C　调查时间和频次

（1）周边江河及陆源入海排污口水质

本研究于 2008 年 9 月、11 月及 2009 年 3 月共开展 3 次水体调查。其中邻苯二甲酸酯等五大类持久性有机污染物在 2008 年 11 月、2009 年 3 月共调查 2 次。

（2）海水水质

浅海水体中温度、盐度、溶解氧、COD 等常规参数每个月调查 1 次，2008 年全年共调查 12 次；持久性有机污染物于 2008 年 11 月及 2009 年 3 月共调查 2 次；重金属于 2008 年 11 月调查 1 次。

（3）沉积物

沉积物（含浅海和潮间带）中总磷、总氮等常规项目于 2008 年 11 月调查 1 次；邻苯二甲酸酯等五大类持久性有机污染物分别于 2008 年 11 月及 2009 年 3 月调查 2 次。

（4）生物体

生物体（缢蛏）体内石油烃、重金属等常规项目于 2008 年 11 月调查 1 次；邻苯二甲酸酯等五大类持久性有机污染物分别于 2008 年 11 月及 2009 年 3 月调查 2 次。

（5）海洋生物生态

浮游生物项目每个季度调查 1 次，春夏秋冬共 4 次；鱼卵和仔稚鱼、游泳动物、潮间带大型底栖生物于春秋两季共调查 2 次。

（6）生态浮标

湾内和湾口生态浮标分别于 2008 年 8 月 22 日、2008 年 12 月 2 日布放，均实时连续观测至 2010 年 10 月。本研究中所使用数据均截至 2010 年 4 月 6 日，两个浮标同时在线连续观测时间近一年半，超过预设的一年时间。溶解氧、盐度、叶绿素 a 等常规监测指标每半小时采样分析 1 次，亚硝酸盐、活性磷酸盐等项目每 4 个小时采样分析 1 次。

附录 2　泉州湾有机污染物分析测定方法

附录 2-A　泉州湾水体中 16 种多环芳烃测定方法

2-A-1　仪器和试剂

安捷伦气相色谱质谱联用仪（Agilent 7890A-5975C），配备安捷伦自动进样器（Agilent 7683）和化学工作站软件。实验室自制水样固相萃取装置、隔膜真空泵、离心机、电子天平等。

正己烷、甲醇为色谱纯试剂（美国天地公司，以下简称 TEDIA），二氯甲烷为农残级试剂（TEDIA），无水硫酸钠为分析纯（使用前于马弗炉中 650℃下烘 4h），盐酸为优级纯，十八烷基硅烷化 C18 固相萃取小柱（ENVI 18，500mg，3mL，美国色谱科公司，以下简称 SUPELCO），十六烷基三甲基溴化铵（用 pH 为 2 的盐酸超声溶解），乐百氏纯净水。

2-A-2　PAHs 的气相色谱-质谱检测条件及相关参数

检测条件如下：

1）进样口温度：280℃

2）进样量：2μL

3）进样方式：脉冲不分流，压力 40psi（0.2758 MPa）、1min 后开分流阀

4）色谱柱：DB-5MS（30m×0.25mm×0.25μm）

5）流量：1mL/min（恒流）

6）升温程序：50℃（1min），25℃/min 200℃，10℃/min 270℃，3℃/min 300℃（10min）

7）气相色谱-质谱接口温度：280℃

8）离子源温度：280℃

9）四极杆温度：150℃

10）电离方式：电轰击电离（EI），能量 70eV

11）质量扫描范围：50～450amu

12）扫描方式：全扫描或选择离子扫描（scan/SIM）

13）溶剂延迟：3.5min

15）电子倍增器电压（EM 电压）：1176V

相关方法学数据见附表 2-A-1 至附表 2-A-6。

附表 2-A-1　泉州湾水体中 16 种 PAHs 和 5 种替代物的特征离子及其相对丰度比

编号	化合物	RT (min)	Tion	Q1	R1	Q2	R2	Q3	R3
*1	萘-D8（naphthalene-D8）	5.953	136	137	10.5	134	9.0	108	8.0
2	萘（naphthalene）	5.968	128	127	12.3	129	11.4	102	7.1
3	苊（acenaphthylene）	7.568	152	151	19.6	150	14.1	153	13.2
*4	二氢苊-D10（acenaphthene-D10）	7.724	164	162	99.6	160	44.6	163	21.1
5	二氢苊（acenaphthene）	7.755	152	151	36.2	155	23.1	150	17.3
6	芴（fluorene）	8.366	166	165	95.2	163	15.1	167	13.2
*7	菲-D10（phenanthrene-D10）	9.658	188	187	20.8	189	14.7	184	14.2
8	菲（phenanthrene）	9.695	178	176	19.0	179	15.8	177	10.6
9	蒽（anthracene）	9.777	178	176	18.3	179	15.4	177	9.0
10	荧蒽（fluoranthene）	11.777	202	200	20.4	203	17.4	201	13.7
11	芘（pyrene）	12.213	202	200	19.7	203	18.0	201	16.0
*12	䓛-D12（chrysene-D12）	14.833	240	236	24.8	241	19.0	239	12.5
13	苯并(a)蒽（benzo[a]anthracene）	14.810	228	226	26.6	229	19.8	227	6.9
14	䓛（chrysene）	14.893	228	226	28.1	229	18.8	227	10.9
*15	苝-D12（perylene-D12）	18.983	264	260	22.8	265	20.6	132	16.8
16	苯并(b)荧蒽（benzo[b]fluoranthene）	17.775	252	253	22.2	250	21.8	126	13.9
17	苯并(k)荧蒽（benzo[k]fluoranthene）	17.775	252	253	22.2	250	21.7	126	14.8
18	苯并(a)芘（benzo[a]pyrene）	18.789	252	253	21.8	250	22.1	126	14.1
19	茚并(1,2,3-cd)芘（indeno [1,2,3-cd] pyrene）	22.699	276	277	23.2	274	21.2	138	19.4
20	二苯并(a,h)蒽（dibenz [a,h] anthracene）	22.854	278	278	25.6	279	24.5	139	16.7
21	苯并(g,h,i)芘（benzo[g,h,i]perylene）	23.626	276	276	23.7	274	22.6	138	21.4

注：*为替代物；RT 为保留时间；Tion 为定量离子；Q1、Q2、Q3 为定性离子；R1、R2、R3 分别为各定性离子与定量离子的相对丰度比

附表 2-A-2　SIM 离子分组

组	开始时间（min）	驻留时间（ms）	离子
1	3.50	5.4	102、108、127、128、129、134、136、137
2	6.93	4.8	150、151、152、153、155、160、162、163、164
3	8.11	8.2	163、165、166、167
4	9.10	5.4	176、177、178、179、184、187、188、189
5	10.96	8.2	200、201、202、203

续表

组	开始时间（min）	驻留时间（ms）	离子
6	12.01	8.2	200、201、202、203
7	13.77	5.4	226、227、228、229、236、239、240、241
8	16.61	8.1	126、250、252、253
9	18.47	5.4	126、132、250、252、253、260、264、265
10	21.20	8.1	138、274、276、277
11	22.78	8.1	139、276、278、279
12	23.30	8.1	138、274、276、277

附表 2-A-3　泉州湾水体中 16 种 PAHs 的标准校正曲线、相关系数和仪器检出限

编号	化合物	RT（min）	标准曲线方程（n=5）	R^2	LOD（µg/L）	LOQ（µg/L）
*1	萘-D8（naphthalene-D8）	5.953	$y = 505x + 6\,911$	0.999 5	0.03	0.11
2	萘（naphthalene）	5.968	$y = 559x + 8\,895$	0.999 3	0.08	0.28
3	苊（acenaphthylene）	7.568	$y = 582x + 1\,978$	0.999 9	0.12	0.40
*4	二氢苊-D10（acenaphthene-D10）	7.724	$y = 283x + 2\,692$	0.999 7	0.03	0.11
5	二氢苊（acenaphthene）	7.755	$y = 172x + 2\,445$	0.999 5	0.27	0.91
6	芴（fluorene）	8.366	$y = 414x + 3\,117$	0.999 7	0.05	0.17
*7	菲-D10（phenanthrene-D10）	9.658	$y = 488x + 3\,039$	0.999 8	0.10	0.34
8	菲（phenanthrene）	9.695	$y = 614x + 5\,810$	0.999 7	0.19	0.64
9	蒽（anthracene）	9.777	$y = 612x + 972$	0.999 8	0.28	0.93
10	荧蒽（fluoranthene）	11.777	$y = 679x - 18$	0.999 9	0.11	0.37
11	芘（pyrene）	12.213	$y = 680x - 52$	0.999 9	0.09	0.31
*12	䓛-D12（chrysene-D12）	14.833	$y = 487x - 4\,856$	0.999 9	0.06	0.20
13	苯并(a)蒽（benzo [a] anthracene）	14.81	$y = 618x - 14\,552$	0.998 5	0.12	0.40
14	䓛（chrysene）	14.893	$y = 559x - 945$	0.999 7	0.13	0.43
*15	苝-D12（perylene-D12）	18.983	$y = 395x - 11\,904$	0.997 7	0.24	0.80
16	苯并(b)荧蒽（benzo[b] fluoranthene）	17.775	$y = 546x - 13\,879$	0.998 0	0.18	0.59
17	苯并(k)荧蒽（benzo[k] fluoranthene）	17.775	$y = 558x - 12\,105$	0.999 0	0.14	0.48
18	苯并(a)芘（benzo[a]pyrene）	18.789	$y = 440x - 14\,761$	0.996 8	0.37	1.24
19	茚并(1,2,3-cd)芘（indeno [1,2,3-cd] pyrene）	22.699	$y = 348x - 13\,408$	0.994 6	0.43	1.42
20	二苯并(a,h)蒽（dibenz [a,h] anthracene）	22.854	$y = 356x - 12\,529$	0.996 0	0.38	1.27
21	苯并(g,h,i)芘（benzo [g,h,i] perylene）	23.626	$y = 404x - 10\,352$	0.997 4	0.67	2.22

注：*为替代物；RT 为保留时间；x 为 PAHs 浓度，µg/L，标准曲线各物质浓度为 50µg/L、100µg/L、200µg/L、400µg/L、800µg/L；y 为响应面积；LOD 为检出限，3 倍噪声对应的浓度；LOQ 为定量限，10 倍噪声对应的浓度

2-A-3　水样前处理流程

依次用 5mL 二氯甲烷、5mL 甲醇、5mL 含 5%甲醇的纯净水和 5mL 0.020mol/L 的 CTAB 预淋洗 C18 固相萃取小柱。于 500mL 海水水样中加入 50mL 甲醇，将水样以一定流速过柱，用纯净水淋洗固相萃取装置，每次 10mL，淋洗 2 次，而后抽干 10min。然后，用 15mL 正己烷：二氯甲烷（V/V，1∶1）洗脱，离心管接洗脱液，加入 1g 无水硫酸钠，离心，取上清液于另一离心管中，用正己烷洗无水硫酸钠，每次 1mL，洗 2 次，移出并合并上清液，氮吹至近干，正己烷定容至 0.5mL 供 GC/MS 测定。

2-A-4　方法数据

附表 2-A-4　泉州湾水体中 PAHs 加标浓度为 100ng/L 的回收率和相对标准偏差（%）

编号.	化合物	回收率						相对标准偏差（$n=5$）
		1	2	3	4	5	均值	
*1	萘-D8（naphthalene-D8）	20	24	25	32	24	25	26
2	萘（naphthalene）	39	35	39	41	37	38	16
3	苊（acenaphthylene）	54	58	57	56	56	56	10
*4	二氢苊-D10（acenaphthene-D10）	48	54	50	52	49	50	12
5	二氢苊（acenaphthene）	46	52	48	50	46	49	13
6	芴（fluorene）	59	61	58	58	56	58	10
*7	菲-D10（phenanthrene-D10）	57	58	56	55	54	56	9
8	菲（phenanthrene）	64	65	62	62	61	63	10
9	蒽（anthracene）	62	63	60	60	58	61	10
10	荧蒽（fluoranthene）	68	67	63	64	62	65	10
11	芘（pyrene）	66	66	61	62	60	63	11
*12	䓛-D12（chrysene-D12）	40	34	24	45	33	35	29
13	苯并(a)蒽（benzo[a]anthracene）	50	41	31	49	39	42	26
14	䓛（chrysene）	30	28	17	40	25	28	38
*15	苝-D12（perylene-D12）	44	35	30	40	35	37	18
16	苯并(b)荧蒽（benzo[b]fluoranthene）	63	54	40	58	51	53	19
17	苯并(k)荧蒽（benzo[k]fluoranthene）	43	51	25	45	35	40	26
18	苯并(a)芘（benzo[a]pyrene）	57	46	36	54	44	47	22
19	茚并(1,2,3-cd)芘（indeno[1,2,3-cd]pyrene）	28	17	7	21	18	18	44
20	二苯并(a,h)蒽（dibenz[a,h]anthracene）	42	34	28	31	36	34	15
21	苯并(g,h,i)芘（benzo[g,h,i]perylene）	39	31	25	35	34	33	18

注：*为替代物

附表 2-A-5　泉州湾水体中不同加标浓度 PAHs 的回收曲线及相关系数

编号	化合物	标准曲线方程（$n=5$）	R^2
*1	萘-D8（naphthalene-D8）	$y=133x+630$	0.987 2
2	萘（naphthalene）	$y=147x+1\,518$	0.985 3
3	苊（acenaphthylene）	$y=252x+13\,229$	0.973 4
*4	二氢苊-D10（acenaphthene-D10）	$y=113x+8\,716$	0.978 6
5	二氢苊（acenaphthene）	$y=70x+5\,764$	0.971 9
6	芴（fluorene）	$y=177x+10\,931$	0.959 5
*7	菲-D10（phenanthrene-D10）	$y=210x+14\,557$	0.954 9
8	菲（phenanthrene）	$y=274x+21\,661$	0.955 2
9	蒽（anthracene）	$y=252x+17\,891$	0.956 0
10	荧蒽（fluoranthene）	$y=323x+22\,104$	0.971 5
11	芘（pyrene）	$y=326x+18\,568$	0.973 3
*12	䓛-D12（chrysene-D12）	$y=91x+11\,460$	0.925 2
13	苯并(a)蒽（benzo[a]anthracene）	$y=194x+11\,527$	0.975 4
14	䓛（chrysene）	$y=102x+13\,309$	0.925 9
*15	苝-D12（perylene-D12）	$y=71x+5\,861$	0.965 3
16	苯并(b)荧蒽（benzo[b]fluoranthene）	$y=194x+3\,207$	0.994 3
17	苯并(k)荧蒽（benzo[k]fluoranthene）	$y=123x+6\,032$	0.974 1
18	苯并(a)芘（benzo[a]pyrene）	$y=123x+2\,768$	0.989 0
19	茚并(1,2,3-cd)芘（indeno[1,2,3-cd]pyrene）	$y=112x+201$	0.993 2
20	二苯并(a,h)蒽（dibenz[a,h]anthracene）	$y=74x+1\,531$	0.981 7
21	苯并(g,h,i)芘（benzo[g,h,i]perylene）	$y=98x+2\,873$	0.985 7

注：*为替代物；x 为加标浓度，ng/L，加标浓度分别为 50ng/L、100ng/L、200ng/L、400ng/L 及 800ng/L；y 为响应面积

附表 2-A-6　泉州湾水体中 PAHs 的方法检测限（ng/L）

编号	化合物	LOD	LOQ
*1	萘-D8（naphthalene-D8）	21	71
2	萘（naphthalene）	19	64
3	苊（acenaphthylene）	17	58
*4	二氢苊-D10（acenaphthene-D10）	18	61
5	二氢苊（acenaphthene）	19	64
6	芴（fluorene）	18	59
*7	菲-D10（phenanthrene-D10）	16	54
8	菲（phenanthrene）	19	62
9	蒽（anthracene）	19	62
10	荧蒽（fluoranthene）	20	68
11	芘（pyrene）	21	70

续表

编号	化合物	LOD	LOQ
*12	䓛-D12（chrysene-D12）	34	113
13	苯并(a)蒽（benzo[a]anthracene）	35	118
14	䓛（chrysene）	36	121
*15	芘-D12（perylene-D12）	22	72
16	苯并(b)荧蒽（benzo[b]fluoranthene）	33	109
17	苯并(k)荧蒽（benzo[k]fluoranthene）	34	113
18	苯并(a)芘（benzo[a]pyrene）	33	112
19	茚并(1,2,3-cd)芘（indeno[1,2,3-cd]pyrene）	28	93
20	二苯并(a,h)蒽（dibenz[a,h]anthracene）	15	51
21	苯并(g,h,i)芘（benzo[g,h,i]perylene）	19	62

注：*为替代物；LOD 为方法检出限，100ng/L 加标浓度下，峰面积 3 倍标准偏差对应的浓度；LOQ 为方法定量限，100ng/L 加标浓度下，峰面积 10 倍标准偏差对应的浓度；浓缩系数为 1000

附录 2-B 泉州湾沉积物中 16 种多环芳烃测定方法

2-B-1 仪器和试剂

同附录 2-A-1。

2-B-2 沉积物前处理流程

准确称取 1.000g 沉积物样品于 10mL 具塞离心管中，加入 1g 无水硫酸钠，然后加入 5mL 正己烷：丙酮（V/V，1∶1），充分混匀，超声波提取 20min；离心，准确移取上清液 2.5mL，过 10mL 正己烷预淋洗的硅胶柱，接流出组分；再以 10mL 正己烷：二氯甲烷（V/V，7∶3）洗脱，合并洗脱液，氮吹至近干，正己烷定容至 0.5mL 供 GC/MS 检测。

2-B-3 方法数据

相关方法学数据见附表 2-B-1 至附表 2-B-3。

附表 2-B-1 近岸沉积物中 PAHs 加标浓度为 200μg/kg 的回收率和相对标准偏差（%）

编号.	化合物	回收率						相对标准偏差（n=5）
		1	2	3	4	5	均值	
*1	萘-D8（naphthalene-D8）	82	55	70	72	56	67	17
2	萘（naphthalene）	209	38	71	152	167	127	56
3	苊（acenaphthylene）	85	72	88	87	84	83	8

续表

编号.	化合物	回收率						相对标准偏差 (n=5)
		1	2	3	4	5	均值	
*4	二氢苊-D10（acenaphthene-D10）	105	76	94	96	81	90	13
5	二氢苊（acenaphthene）	88	76	91	89	101	89	10
6	芴（fluorene）	90	83	94	91	96	91	5
*7	菲-D10（phenanthrene-D10）	101	79	90	89	76	87	11
8	菲（phenanthrene）	93	89	97	93	97	94	4
9	蒽（anthracene）	92	82	95	91	91	90	5
10	荧蒽（fluoranthene）	71	72	78	77	80	76	5
11	芘（pyrene）	117	124	111	102	121	115	7
*12	䓛-D12（chrysene-D12）	108	91	102	98	83	96	10
13	苯并(a)蒽（benzo[a]anthracene）	104	100	115	110	106	107	5
14	䓛（chrysene）	84	86	95	95	95	91	6
*15	苝-D12（perylene-D12）	127	108	121	117	104	115	8
16	苯并(b)荧蒽（benzo[b] fluoranthene）	85	86	96	90	92	89	5
17	苯并(k)荧蒽（benzo[k] fluoranthene）	88	89	99	93	95	93	5
18	苯并(a)芘（benzo[a]pyrene）	98	99	113	106	108	105	6
19	茚并(1,2,3-cd)芘（indeno[1,2,3-cd] pyrene）	111	110	128	116	121	118	6
20	二苯并(a,h)蒽（dibenz[a,h] anthracene）	126	126	143	131	139	133	6
21	苯并(g,h,i)芘（benzo[g,h,i]perylene）	103	102	119	108	113	109	7

注：*为替代物

附表 2-B-2 近岸沉积物中不同加标浓度 PAHs 的回收曲线及相关系数

编号	化合物	标准曲线方程（n=5）	R^2
*1	萘-D8（naphthalene-D8）	$y = 141 x + 2\,699$	0.994 3
2	萘（naphthalene）	—	—
3	苊（acenaphthylene）	$y = 189 x + 6\,379$	0.990 2
*4	二氢苊-D10（acenaphthene-D10）	$y = 86 x + 8\,710$	0.992 1
5	二氢苊（acenaphthene）	$y = 57 x + 3\,782$	0.954 4
6	芴（fluorene）	$y = 136 x + 8\,718$	0.987 4
*7	菲-D10（phenanthrene-D10）	$y = 155 x + 5\,132$	0.989 4
8	菲（phenanthrene）	$y = 199 x + 10\,445$	0.985 3
9	蒽（anthracene）	$y = 200 x + 9\,227$	0.990 6
10	荧蒽（fluoranthene）	$y = 175 x + 13\,552$	0.980 3
11	芘（pyrene）	—	—
*12	䓛-D12（chrysene-D12）	$y = 167 x + 2\,468$	0.996 9
13	苯并(a)蒽（benzo[a]anthracene）	$y = 242 x + 7\,198$	0.995 5

续表

编号	化合物	标准曲线方程（n=5）	R^2
14	䓛（chrysene）	$y = 175\,x + 8\,667$	0.987 6
*15	苝-D12（perylene-D12）	$y = 142\,x + 3\,903$	0.987 6
16	苯并(b)荧蒽（benzo[b]fluoranthene）	$y = 173\,x + 16\,291$	0.961 9
17	苯并(k)荧蒽（benzo[k]fluoranthene）	$y = 182\,x + 7\,032$	0.982 3
18	苯并(a)芘（benzo[a]pyrene）	$y = 168\,x + 6\,528$	0.991 4
19	茚并(1,2,3-cd)芘（indeno[1,2,3-cd]pyrene）	$y = 151\,x + 5\,711$	0.985 7
20	二苯并(a,h)蒽（dibenz[a,h]anthracene）	$y = 158\,x + 4\,406$	0.983 8
21	苯并(g,h,i)芘（benzo[g,h,i]perylene）	$y = 161\,x + 7\,007$	0.984 2

注：*为替代物；x 为加标浓度，μg/kg，加标浓度分别为 50μg/kg、100μg/kg、200μg/kg、400μg/kg 及 800μg/kg；y 为响应面积。"—"表示缺失数据

附表 2-B-3　近岸沉积物中 PAHs 的方法检测限（μg/kg）

编号	化合物	LOD	LOQ
*1	萘-D8（naphthalene-D8）	12	40
2	萘（naphthalene）	224	748
3	苊（acenaphthylene）	14	45
*4	二氢苊-D10（acenaphthene-D10）	19	64
5	二氢苊（acenaphthene）	20	67
6	芴（fluorene）	30	99
*7	菲-D10（phenanthrene-D10）	14	47
8	菲（phenanthrene）	63	209
9	蒽（anthracene）	18	62
10	荧蒽（fluoranthene）	47	156
11	芘（pyrene）	192	639
*12	䓛-D12（chrysene-D12）	12	40
13	苯并(a)蒽（benzo[a]anthracene）	33	110
14	䓛（chrysene）	32	107
*15	苝-D12（perylene-D12）	15	51
16	苯并(b)荧蒽（benzo[b]fluoranthene）	45	151
17	苯并(k)荧蒽（benzo[k]fluoranthene）	21	70
18	苯并(a)芘（benzo[a]pyrene）	38	125
19	茚并(1,2,3-cd)芘（indeno[1,2,3-cd]pyrene）	36	120
20	二苯并(a,h)蒽（dibenz[a,h]anthracene）	20	66
21	苯并(g,h,i)芘（benzo[g,h,i]perylene）	34	113

注：*为替代物；LOD 为方法检出限，50μg/kg 加标浓度下，峰面积 3 倍标准偏差对应的浓度；LOQ 为方法定量限，50μg/kg 加标浓度下，峰面积 10 倍标准偏差对应的浓度；浓缩系数为 1

附录 2-C　泉州湾沉积物和土壤样品中 25 种芳香胺测定方法

2-C-1　实验试剂和药品

氢氧化钠（优级纯）、甲基叔丁基醚（色谱纯）、去离子水。

25 种芳香胺标准和内标物蒽-D10 均购自德国奥格斯堡公司（Dr. Ehrenstorfer GmbH，Germany），详细信息见附表 2-C-1。

附表 2-C-1　芳香胺及内标物标准品信息

编号	胺名称	纯度（%）	CAS 编号
1	苯胺	99.50	62-53-3
2	邻甲苯胺	99.50	95-53-4
3	2,4-二甲基苯胺	98.50	95-68-1
4	2,6-二甲基苯胺	99.50	87-62-7
5	2-甲氧基苯胺	99.50	90-04-0
6	对氯苯胺	99.00	106-47-8
7	3-氨基对甲苯甲醚	99.50	120-71-8
8	2,4,5-三甲基苯胺	99.50	137-17-7
9	4-氯邻甲苯胺	98.50	95-69-2
10	2,4-二氨基甲苯	98.50	95-80-7
11	2,4,5-三氯苯胺	98.00	636-30-6
12	2-萘胺	96.50	91-59-8
13	5-硝基邻甲苯胺	99.00	99-55-8
14	4-氨基联苯	99.00	92-67-1
15	4-氨基偶氮苯	99.00	1960-9-3
16	4,4'-二氨基二苯醚	99.00	101-80-4
17	4,4'-二苯氨基甲烷	98.00	101-77-9
18	联苯胺	99.00	92-87-5
19	邻氨基偶氮甲苯	97.50	97-56-3
20	3,3'-二甲基-4,4'二氨基二苯甲烷	99.00	838-88-0
21	3,3'-二甲基联苯胺	99.00	119-93-7
22	4,4'-二氨基二苯硫醚	99.00	139-65-1
23	4,4'-次甲基-双-(2-氯苯胺)	99.50	101-14-4
24	3,3'-二氯联苯胺	99.00	91-94-1
25	3,3'-二甲氧基联苯胺	99.00	119-90-4
26	蒽-D10（内标）	99.50	1719-06-8

2-C-2　实验设备仪器

安捷伦气相色谱质谱联用仪（Agilent 6890-5975B）；瑞典 Biotage TurboVap II 浓缩工作站（氮吹浓缩仪）；分液漏斗振荡器（EYELA MMV-1000W，东京理化器械株式会社）；离心机，40mL 具塞离心管；150mL 具塞锥形瓶；移液枪（0.2mL、1mL）、10mL 移液管、巴斯德吸管；带刻线的 50mL 浓缩管。

2-C-3　色谱条件

1）色谱柱：安捷伦毛细管色谱柱（DB-35ms 30m×0.25mm×0.25μm）

2）升温程序：100℃下保持 2min，再以 15℃/min 的速率升至 310℃，保持 2min；后运行 2min

3）进样口温度：280℃

4）色谱-质谱接口温度：310℃

5）离子源和四极杆温度：280℃，150℃

6）载气：氦气，纯度≥99.999%，1.0mL/min

7）电离方式：EI，能量 70eV

8）质量扫描范围：50～300amu

9）进样模式：脉冲不分流模式

10）进样量：1μL

11）溶剂延迟：2.5min

12）选择离子设定

相关方法学数据见附表 2-C-2。

附表 2-C-2　SIM 模式下各种胺的参考保留时间、定量离子、定性离子及其丰度比

编号	胺及内标物	保留时间（min）	选择离子（SIM 模式）	丰度比
1	苯胺	2.988	93*、65、66	100∶37∶19
2	邻甲苯胺	3.994	107*、77、106	100∶138∶27
3	2,4-二甲基苯胺	4.969	121*、106、102	100∶99∶79
4	2,6-二甲基苯胺	5.02	121*、106、102	100∶85∶71
5	2-甲氧基苯胺	5.263	123*、80、108	100∶118∶107
6	对氯苯胺	5.648	127*、65、129	100∶32∶24
7	3-氨基对甲苯甲醚	6.225	122*、94、137	100∶66∶57
8	2,4,5-三甲基苯胺	6.257	120*、134、135	100∶85∶61
9	4-氯邻甲苯胺	6.638	141*、106、140	100∶98∶39
10	2,4-二氨基甲苯	7.844	121*、94、122	100∶91∶21
11	2,4,5-三氯苯胺	8.923	195*、197、199	100∶96∶30
12	2-萘胺	9.331	143*、115、116	100∶50∶17

续表

编号	胺及内标物	保留时间（min）	选择离子（SIM 模式）	丰度比
13	5-硝基邻甲苯胺	9.846	152*、77、106	100∶131∶77
14	4-氨基联苯	10.881	169*、168	100∶21∶00
15	4-氨基偶氮苯	13.341	92*、65、197	100∶118∶37
16	4,4′-二氨基二苯醚	13.752	200*、171、108	100∶53∶40
17	4,4′-二苯氨基甲烷	13.851	198*、106、197	100∶76∶38
18	联苯胺	13.888	184*、185	100∶14
19	邻氨基偶氮甲苯	14.338	225*、106、134	100∶209∶66
20	3,3′-二甲基-4,4′-二氨基二苯甲烷	14.767	226*、211、225	100∶315∶55
21	3,3′-二甲基联苯胺	14.957	212*、211、213	100∶65∶16
22	4,4′-二氨基二苯硫醚	15.586	216*、184、217	100∶46∶17
23	4,4′-次甲基-双-(2-氯苯胺)	15.801	266*、140、231	100∶158∶54
24	3,3′-二氯联苯胺	15.828	252*、253、254	100∶66∶20
25	3,3′-二甲氧基联苯胺	15.843	244*、201、229	100∶63∶19
26	蒽-D10（内标）	11.058	188*、189、184	100∶15∶13

注：*表示该化合物的定量离子

2-C-4　操作步骤

1）称取 25.00g 沉积物或土壤样品置于 150mL 具塞锥形瓶中，锥形瓶需事先检查密闭性，用量筒量取 50mL 1.5mol/L NaOH 溶液于锥形瓶中，后用玻璃棒搅拌，用巴斯德吸管吸取少量碱液润洗玻璃棒，搅拌中注意使样品完全浸润。

2）用 10mL 移液管准确取 10mL 甲基叔丁基醚加入锥形瓶中，马上旋紧塞子，手动振荡 30s，此时注意检查瓶塞是否密闭，防止甲基叔丁基醚在振荡机振荡时挥发损失。

3）将锥形瓶放置于分液漏斗振荡机上振荡 30min，振荡频率为 210r/min。

4）静置，分层。

5）用巴斯德吸管将上层有机相取出于具塞离心管中，而后继续将中层 NaOH 层倾斜倒入具塞离心管中，取出约 40mL（可能会有少量沉积物土壤），盖紧盖子。

6）于 2000r/min 下离心 2min。

7）用 1mL 移液枪准确移取上层有机相至氮吹浓缩管中，第一次移取前务必先用上层有机相润 3 次，而后尽可能多地取出上层有机层，记下可取出的最大体积数。

注：取出的体积数为 4~7mL，由于萃取中土壤或沉积物样品里会溶有一部分甲基叔丁基醚，因此当取出的体积数小于 4mL 时，需再次将离心管中的 NaOH 层移入原锥形瓶中，手动振荡，将土壤样品中的有机溶剂振荡释放到 NaOH 层之

上，后倾斜倒出水相层，合并到离心管中，离心后继续取有机层。

8）氮吹浓缩至约 1mL，用约 1mL 的甲基叔丁基醚润洗浓缩管管壁，继续浓缩至小于 0.5mL，而后加入蒽-D10 内标，用甲基叔丁基醚定容至 0.5mL，内标物浓度为 0.5ppm[①]。

9）校准工作液：0.5ppm 的混标，内标物蒽-D10 浓度为 0.5ppm。

10）GC-MS 测定。

2-C-5　数据处理

标准校正液为 0.5ppm 的混标，内标法定量所得结果为 C_0（μg/mL），取出的体积数为 V（mL），样品质量 m（g），则样品中各种芳香胺的含量为 C（ng/g）：

$$C = \frac{C_0 \times 0.5\text{mL} \times 10\text{mL} \times 10^3}{V \times m}$$

2-C-6　方法参数

本方法中 25 种芳香胺的回收率、精密度及检出限见附表 2-C-3，方法的线性范围为 10～100μg/kg。

附表 2-C-3　芳香胺的回收率、精密度和方法检出限

编号	芳香胺	回收率（%）	相对标准偏差（n=6）（%）	定量限（μg/kg）
1	苯胺	70.3	3.8	3.05
2	邻甲苯胺	88.8	4.4	1.6
3	2,4-二甲基苯胺	88.8	4.0	0.74
4	2,6-二甲基苯胺	85.2	3.5	0.94
5	2-甲氧基苯胺	75.2	5.3	0.62
6	对氯苯胺	85.2	5.6	0.44
7	3-氨基对甲苯甲醚	66.6	7.9	0.47
8	2,4,5-三甲基苯胺	75.2	5.7	0.59
9	4-氯邻甲苯胺	90.2	5.8	0.38
10	2,4-二氨基甲苯	7.5	12.8	0.88
11	2,4,5-三氯苯胺	88.2	6.3	0.28
12	2-萘胺	62.7	10.1	0.78
13	5-硝基邻甲苯胺	29.8	17.1	8.09
14	4-氨基联苯	64.9	9.8	0.52
15	4-氨基偶氮苯	68.0	7.9	1.03

---

① 1ppm=10⁻⁶

续表

编号	芳香胺	回收率（%）	相对标准偏差（n=6)（%）	定量限（μg/kg）
16	4,4′-二氨基二苯醚	3.9	5.9	0.75
17	4,4′-二苯氨基甲烷	8.1	6.9	1.96
18	联苯胺	6.6	12.9	0.99
19	邻氨基偶氮甲苯	60.1	7.4	3.1
20	3,3′-二甲基-4,4′-二氨基二苯甲烷	19.5	2.9	13.89
21	3,3′-二甲基联苯胺	19.2	5.3	0.34
22	4,4′-二氨基二苯硫醚	7.8	11.5	0.45
23	4,4′-次甲基-双-（2-氯苯胺）	61.3	8.6	3.04
24	3,3′-二氯联苯胺	56.0	8.1	0.43
25	3,3′-二甲氧基联苯胺	13.9	17.9	1.7

注：振荡萃取方式也可用水平振荡方式代替

附录 2-D 泉州湾水体中有机氯和拟除虫菊酯类农药测定方法

2-D-1 仪器和试剂

安捷伦气相色谱仪（Agilent 6890N），配安捷伦 Ni^{63} 电子捕获检测器。实验室自制固相萃取装置、隔膜真空泵、离心机。

正己烷、甲醇为色谱纯（TEDIA），乙酸乙酯为农残级（TEDIA），无水硫酸钠（分析纯，国药集团化学试剂有限公司）；十八烷基硅烷化 C18 固相萃取小柱（ENVI 18，500mg，3mL，SUPELCO）。

无水硫酸钠处理：650℃灼烧 4h，储于干燥密闭容器中备用。

2-D-2 气相色谱条件

1. 有机氯和拟除虫菊酯类农药的测定

采用 HP-35 毛细管柱（30m×320μm×0.25μm）；载气为高纯氮气（纯度≥99.999%）；进样口温度 260℃，检测器温度 300℃；恒流模式，流速 1.6mL/min，不分流进样，进样量 1μL。

柱升温程序：初温 80℃，保持 0.5min，以 25℃/min 升至 200℃，保持 0.5min，再以 7℃/min 升至 250℃，最后以 15℃/min 升至 280℃，保持 10min。总分析时间 34.94min。

2. 多氯联苯的测定

采用 HP-35 毛细管柱（30m×320μm×0.25μm）；载气为高纯氮气（纯度≥

99.999%）；进样口温度 250℃，检测器温度 300℃，恒流模式，流速 0.6mL/min，不分流进样，进样量 1μL。

柱升温程序：初温 80℃，保持 1min，以 30℃/min 升至 190℃，保持 1min，再以 3℃/min 升至 200℃，保持 2min，然后以 4℃/min 升至 250℃，保持 10min，最后以 10℃/min 升至 280℃，保持 5min。总分析时间 41.5min。

2-D-3　水样前处理过程

依次用 5mL 乙酸乙酯、5mL 甲醇、5mL 纯净水活化 C18 柱；将 500mL 水样以 4～5mL/min 的流速过柱，用纯净水淋洗柱子，每次 3mL，洗 2 次，而后抽干 10min；然后，用 20mL 正己烷∶乙酸乙酯（V/V，4∶6，）洗脱，接洗脱液，加 1.5g 无水硫酸钠除水，离心，取上清液，氮吹至近干，用正己烷定容至 0.5mL，供 GC 检测。

2-D-4　方法的精密度

取 5 份平行样，分别加入一定量的待测农药混合标准溶液，使得农药各组分的浓度为 100ng/L，按上述前处理步骤进行目标物的提取、净化、浓缩，最后进 GC 分析。相关方法学数据见附表 2-D-1。

附表 2-D-1　泉州湾水体中有机氯和拟除虫菊酯类农药测定方法的精密度（$n=5$）

组分	相对标准偏差（%）	组分	相对标准偏差（%）
α-六氯苯（α-BHC）	4.1	p,p'-滴滴涕（p,p'-DDT）	9.4
γ-六氯苯（γ-BHC）	4.7	联苯菊酯（bifenthrin）	13.1
β-六氯苯（β-BHC）	8.9	甲氰菊酯（fenpropathrin）	11.5
δ-六氯苯（δ-BHC）	7.9	三氯杀螨醇（dicofol）	21.7
艾氏剂（aldrin）	8	三氯杀螨砜（tetradifon）	7.1
硫丹（endosulfan）	7	氟氯氰菊酯（cyfluthrin）	14.2
p,p'-滴滴伊（p,p'-DDE）	17.6	氯氰菊酯（cypermethrin）	15.5
狄氏剂（dieldrin）	7	氟胺氰菊酯（tau-fluvalinate）	16.9
异狄试剂（endrin）	7.8	氰戊菊酯（fenvalerate）	15
o,p'-滴滴涕（o,p'-DDT）	18	溴氰菊酯（deltamethrin）	10.7
p,p'-滴滴滴（p,p'-DDD）	7.3		

实验结果显示，14 种有机氯农药的相对标准偏差在 4.1%～21.7%，其中 p,p'-DDE 和 o,p'-DDT 的相对标准偏差较高，分别为 17.6% 和 18.0%，三氯杀螨醇（dicofol）的相对标准偏差最高，为 21.7%；7 种拟除虫菊酯类农药的相对标准偏差都较高，为 10.7%～16.9%，可满足痕量组分测定的要求。

2-D-5　标准加入回收实验

设置 5 个加标浓度，分别为 0.02μg/L、0.05μg/L、0.1μg/L、0.2μg/L、0.5μg/L，按上述前处理步骤进行目标物的提取、净化、浓缩，最后进 GC 分析，实验结果如附表 2-D-2 所示。

附表 2-D-2　标准加入回收实验结果

组分	线性回归方程	相关系数	回收率（%）
α-六氯苯（α-BHC）	$y = 213.27x - 2694.9$	0.9959	68.7
γ-六氯苯（γ-BHC）	$y = 250.91x - 3378$	0.9956	69.4
β-六氯苯（β-BHC）	$y = 102.58x - 856.65$	0.9977	75.9
δ-六氯苯（δ-BHC）	$y = 181.72x - 2434.9$	0.9954	66.2
艾氏剂（aldrin）	$y = 32.949x + 3346.6$	0.9068	40.3
硫丹（endosulfan）	$y = 154.59x - 812.08$	0.9992	69.7
p,p'-滴滴伊（p,p'-DDE）	$y = 45.901x + 5852.2$	0.8653	56.2
狄氏剂（dieldrin）	$y = 37.287x + 196.88$	0.9997	67.4
异狄试剂（endrin）	$y = 153.35x + 115.54$	0.9995	147.1
o,p'-滴滴涕（o,p'-DDT）	$y = 23.624x + 2357.4$	0.9382	61.9
p,p'-滴滴滴（p,p'-DDD）	$y = 107.08x + 2208.4$	0.9959	60.9
p,p'-滴滴涕（p,p'-DDT）	$y = 44.523x + 4249.5$	0.8988	68.2
联苯菊酯（bifenthrin）	$y = 8.2664x + 457.42$	0.972	21.2
甲氰菊酯（fenpropathrin）	$y = 7.352x + 444.53$	0.9189	34.7
三氯杀螨醇（dicofol）	$y = 9.0196x - 274.6$	0.9741	94.3
三氯杀螨砜（tetradifon）	$y = 126.36x - 1223.4$	0.9964	84.3
氟氯氰菊酯（cyfluthrin）	$y = 14.792x + 1447.1$	0.9350	34.5
氯氰菊酯（cypermethrin）	$y = 11.971x + 1018.3$	0.9320	30.9
氟胺氰菊酯（tau-fluvalinate）	$y = 8.5613x + 704.45$	0.9472	26.8
氰戊菊酯（fenvalerate）	$y = 8.6575x + 862.62$	0.9394	28.3
溴氰菊酯（deltamethrin）	$y = 8.9153x + 1038.5$	0.9392	32.1

附表 2-D-2 列出了不同标准加入量与回收量之间的线性回归参数，实验结果显示，当标准加入量在一定浓度范围变化时，待测组分能以稳定的回收率回收。

2-D-6　方法的检出限与定量限

方法检出下限定义为空白样品（或待测目标物含量较低的样品）多次平行测定（$n \geq 5$）标准偏差 3 倍所对应的浓度，本次方法对各农药残留组分的检出下限如附表 2-D-3 所示。

附表 2-D-3　方法的检出限与定量限（ng/L）

组分	检出限	定量限
α-六氯苯（α-BHC）	6.3	21
γ-六氯苯（γ-BHC）	7.4	24.8
β-六氯苯（β-BHC）	14.8	49.4
δ-六氯苯（δ-BHC）	13.2	43.9
艾氏剂（aldrin）	6.8	22.7
硫丹（endosulfan）	12.7	42.4
p,p'-滴滴伊（p,p'-DDE）	13.1	43.7
狄氏剂（dieldrin）	9.9	33.1
异狄试剂（endrin）	22	73.3
o,p'-滴滴涕（o,p'-DDT）	27.8	92.7
p,p'-滴滴滴（p,p'-DDD）	13.4	44.6
p,p'-滴滴涕（p,p'-DDT）	10.9	36.5
联苯菊酯（bifenthrin）	6.5	21.6
甲氰菊酯（fenpropathrin）	10.6	35.4
三氯杀螨醇（dicofol）	22.8	75.9
三氯杀螨砜（tetradifon）	14.2	47.5
氟氯氰菊酯（cyfluthrin）	8.3	27.7
氯氰菊酯（cypermethrin）	9.5	31.8
氟胺氰菊酯（tau-fluvalinate）	7.3	24.3
氰戊菊酯（fenvalerate）	7.8	26
溴氰菊酯（deltamethrin）	5.9	19.8

附录 2-E　泉州湾沉积物中有机氯和拟除虫菊酯类农药测定方法

2-E-1　仪器和试剂

安捷伦气相色谱仪（Agilent 6890N），配安捷伦 Ni^{63} 电子捕获检测器；固相萃取真空装置（SUPELCO）；水浴恒温振荡器（金坛市富华仪器有限公司）。

正己烷为色谱纯（TEDIA），乙酸乙酯为农残级（TEDIA），弗罗里硅土（100～120 目）（SUPELCO），铜粉（分析纯，国药集团化学试剂有限公司），活性炭为化学纯（120 目）（北京科诚光华新技术有限公司），弗罗里硅土、铜粉与活性炭使用前均需处理。

弗罗里硅土处理：650℃灼烧 6h，冷却后储于干燥密闭容器中备用，使用前于 130℃活化 4h。

铜粉处理：常温下用 4mol/L 盐酸（分析纯）振荡浸泡 4h，然后抽滤，用蒸馏水洗涤至中性，再用正己烷淋洗，最后 100℃下烘干备用。

活性炭处理：用 3.0mol/L 盐酸（分析纯）浸渍过夜，蒸馏水洗涤至中性，于 90℃烘干水分、110℃恒温 3h 备用。

2-E-2　气相色谱条件

同附录 2-D-2。

2-E-3　样品的采集与分析

用金属器具或玻璃器皿采集、保存土壤和沉积物样品，将土壤和沉积物样品置于干净的瓶子中，在-20℃下冷冻 24h 后，再冷冻干燥 96h，取出样品，用研钵磨细，过 80 目筛，保存于干净的广口瓶中，并保持干燥。

称取 2.5g 土壤或沉积物样品和 1.5g 处理过的铜粉置于 50mL 锥形瓶中，加入 10mL 乙酸乙酯：正己烷（V/V，1∶1）混合提取液，于 42℃的摇床中振荡提取 60min，用固相萃取小柱（70mm×5mm）净化（固相萃取小柱装填：由下往上装填 0.032g 脱脂棉、420mg 弗罗里硅土、15mg 活性炭），固相萃取小柱使用前用 3mL 正己烷：乙酸乙酯（V/V，3∶1）预淋洗萃取柱，取 1mL 提取液注入萃取柱，用 5mL 乙酸乙酯淋洗，最后用正己烷定容至 1.0mL 后进行气相色谱测定。

2-E-4　添加标准回收率实验

实验加标量是 200μg/kg，回收率数据如附表 2-E-1 所示。

附表 2-E-1　农药各组分的回收率

组分	回收率（%）	组分	回收率（%）
α-六氯苯（α-BHC）	87.3	p,p'-滴滴涕（p,p'-DDT）	84.8
γ-六氯苯（γ-BHC）	83.4	联苯菊酯（bifenthrin）	88
β-六氯苯（β-BHC）	92	甲氰菊酯（fenpropathrin）	35.2
δ-六氯苯（δ-BHC）	70.5	三氯杀螨醇（dicofol）	116.6
艾氏剂（aldrin）	81.8	三氯杀螨砜（tetradifon）	25.7
硫丹（endosulfan）	85	氟氯氰菊酯（cyfluthrin）	34
p,p'-滴滴伊（p,p'-DDE）	81.2	氯氰菊酯（cypermethrin）	31.7
狄氏剂（dieldrin）	72.1	氟胺氰菊酯（tau-fluvalinate）	40.1
异狄试剂（endrin）	120.9	氰戊菊酯（fenvalerate）	21
o,p'-滴滴涕（o,p'-DDT）	77.1	溴氰菊酯（deltamethrin）	25.7
p,p'-滴滴滴（p,p'-DDD）	86.4		

附录 2-F　泉州湾生物体中有机氯和拟除虫菊酯类农药测定方法

2-F-1　仪器和试剂

同附录 2-E-1。

2-F-2　气相色谱条件

同附录 2-D-2。

2-F-3　样品的采集与分析

对活体生物样品，先用沙滤后的海水漂洗生物体内（外）的泥沙，再用去离子水清洗生物体 3 次，取出内脏后用粉碎机粉碎、匀浆，保存在-20℃下待用。对于干的样品则用不锈钢剪刀剪碎，称重后进行提取、净化等后续步骤。

称取粉碎后待用的海洋生物样品 2.0g 于 50mL 具塞锥形瓶中，加 1.5g 无水硫酸钠、8mL 混合提取液正己烷：乙酸乙酯（V/V，1：1），置于温度为 40℃±1℃ 的摇床中振荡提取 60min。

净化层析柱（5mm×75mm）内依次装填 0.032g 脱脂棉、300mg 弗罗里硅土、14mg 活性炭、200mg 无水硫酸钠；用 3mL 混合提取液正己烷：乙酸乙酯（V/V，1：1）预淋洗净化层洗柱；吸取 1.0mL 样品提取液注入固相萃取柱，用 6.0mL 乙酸乙酯淋洗；收集到的淋洗液用氮气吹扫、浓缩近干，加入 1.0mL 正己烷重新溶解，再吹干，最后用正己烷定容至 0.5mL。

2-F-4　添加标准回收率实验

实验加标量是 100μg/kg，回收率数据如附表 2-F-1 所示。

附表 2-F-1　生物样品中农药各组分的回收率

组分	回收率（%）	组分	回收率（%）
α-六氯苯（α-BHC）	87.5	p,p'-滴滴伊（p,p'-DDE）	93.8
γ-六氯苯（γ-BHC）	88	狄氏剂（dieldrin）	86.7
β-六氯苯（β-BHC）	78.3	异狄试剂（endrin）	138
δ-六氯苯（δ-BHC）	78.5	o,p'-滴滴涕（o,p'-DDT）	102.8
艾氏剂（aldrin）	88.7	p,p'-滴滴滴（p,p'-DDD）	94.3
硫丹（endosulfan）	86.7	p,p'-滴滴涕（p,p'-DDT）	105.7

续表

组分	回收率（%）	组分	回收率（%）
联苯菊酯（bifenthrin）	104.1	氯氰菊酯（cypermethrin）	73.6
甲氰菊酯（fenpropathrin）	89.4	氟胺氰菊酯（tau-fluvalinate）	84.3
三氯杀螨醇（dicofol）	278.2	氰戊菊酯（fenvalerate）	50.2
三氯杀螨砜（tetradifon）	62.2	溴氰菊酯（deltamethrin）	57.7
氟氯氰菊酯（cyfluthrin）	75.6		

附录 2-G　泉州湾水体、沉积物、生物体中 16 种
邻苯二甲酸酯类化合物测定方法

　　本研究在国内较早开展泉州湾海洋水体、沉积物、生物体中 16 种邻苯二甲酸酯类化合物测定方法，所使用的分析方法已上升为中华人民共和国海洋行业标准《海洋环境中邻苯二甲酸酯类的测定　气相色谱-质谱法》（HY/T 179—2015），于 2015 年 7 月 30 日发布。限于篇幅，此处不再赘述。

附录 3　2008~2009 年泉州湾海洋生物种类名录

分类单元	生态类群	2008 年 5 月	2008 年 8 月	2008 年 10 月	2009 年 3 月	2009 年 5 月	历史航次
Cyanobacteria							
Cyanophyceae							
Oscillatoriales							
Oscillatoriaceae							
Oscillatoria sp.	P			+	+		
Ochrophyta							
Bacillariophyceae							
Achnanthales							
Achnanthaceae							
Achnanthes javanica var. *subcontricta* Meister, 1392	P			+			
Ardissonea robusta (Ralfs ex Pritchard) Notaris, 1871	P				+		
Synedra sp.	P				+		
Synedra tabulata var. *parva* (Kütz.) Hustedt, 1932	P				+		
Cocconeidaceae							
Cocconeis scutellum Ehrenberg, 1838	P		+				
Cocconeis scutellum var. *parva* (Grun.) Cleve, 1881	P			+			
Cocconeis sp.	P			+			
Bacillariales							
Bacillariaceae							
Bacillaria paxillifera (Müller) Marsson, 1901	P	+	*	*	+		
Fragilaria sp.	P	+					
Fragilariopsis cylindrus (Grunow) Krieger, 1954	P			+			
Fragilariopsis doliolus (Wallich) Medlin & Sims, 1993	P				+		
Nitzschia fasciculata (Grun.) Grunoe, 1878	P			+	+		
Nitzschia fonticola Grunow in Cleve et Moeller, 1987	P	+					
Nitzschia frustulum (Kützing) Grunow, 1880	P	+		+			
Nitzschia longissima (Brébisson) Ralfs, 1861	P	+	+	+	*		Y
Nitzschia longissima var. *reversa* Grunow, 1880	P			+			
Nitzschia lorenziana Grunow, 1879	P	+		+	+		

分类单元	生态类群	2008年 5月	2008年 8月	2008年 10月	2009年 3月	2009年 5月	历史航次
Nitzschia lorenzima var. *densestriata* (Perag. et Perag.) Hustedt, 1874	P			+			
Nitzschia obtusa var. *scalpelliformis* Grunow, 1880	P			+			
Nitzschia obtusa Smith, 1853	P	+		+			
Nitzschia sigma (Kützing) Smith, 1853	P	+	+	+	+		
Nitzschia sigma var. *sigmatella* Grunow, 1880	P			+	+		
Nitzschia sinensis Liu, 1984	P	+	+				Y
Nitzschia sp.	P			+	+		Y
Pseudo-nitzschia delicatissima (Cleve) Heiden, 1928	P			+			Y
Pseudo-nitzschia pungens (Grunow ex Cleve) Hasle, 1993	P	+	+	+			Y
Biddulphiales							
Biddulphiaceae							
Biddulphia biddulphiana (Smith) Boyer, 1900	P	+	+				
Biddulphia tuomeyi (Bailey) Roper	P		+				
Chaetocerotanae incertae sedis	P						
Odontella granulata (Roper) Ross, 1986	P		+				
Chaetocerotaceae							
Bacteriastrum varians Lauder, 1864	P		+	+			
Chaetoceros affinis Lauder, 1864	P		+	+	+		Y
Chaetoceros borealis Bailey, 1854	P			+			
Chaetoceros brevis Schütt, 1985	P			+			
Chaetoceros castracanei Karsten, 1905	P				+		
Chaetoceros coarctatus Lauder, 1864	P			+			
Chaetoceros compressus Lauder, 1864	P		+				
Chaetoceros curvisetus Cleve, 1889	P	+	+	*			Y
Chaetoceros danicus Cleve, 1889	P			+	+		
Chaetoceros debilis Cleve, 1894	P	+	+				Y
Chaetoceros decipiens Cleve, 1873	P		+	+			
Chaetoceros densus (Cleve) Cleve, 1899	P	+					Y
Chaetoceros didymus Ehrenberg, 1845	P	+		+			
Chaetoceros laciniosus Schütt, 1895	P			+			
Chaetoceros laevis Leuduger-Fortmorel, 1892	P			+			
Chaetoceros lauderi Ralfs, 1864	P			+			
Chaetoceros lorenzianus Grunow, 1863	P	+	+	+	+		Y
Chaetoceros socialis Lauder, 1864	P			+			

分类单元	生态类群	2008 年 5 月	2008 年 8 月	2008 年 10 月	2009 年 3 月	2009 年 5 月	历史航次
Chaetoceros sp.	P			+	+		
Chaetoceros subsecundus (Grunow ex Heurck) Hustedt, 1927	P			+			
Chaetoceros sp.	P			+			Y
Corethrales							
Corethraceae							
Corethron hystrix Hensen, 1887	P			+	+		
Coscinodiscales							
Coscinodiscaceae							
Coscinodiscus argus Ehrenberg, 1839	P	+	+	+	+		
Coscinodiscus asteromphalus Ehrenberg, 1844	P	+	+	+	+		Y
Coscinodiscus centralis Ehrenberg, 1844	P	+	+	+	+		Y
Coscinodiscus concinnus W. Smith, 1856	P			+	+		
Coscinodiscus curvatulus Grunow ex Schmidt, 1878	P				+		
Coscinodiscus gigas Ehrenberg, 1841	P			+			
Coscinodiscus granii Gough, 1905	P		+		+		
Coscinodiscus janischii Schmidt, 1878	P				+		
Coscinodiscus jonesianus (Greville) Ostenfeld, 1915	P	+	+	+	+		
Coscinodiscus marginatus Ehrenberg, 1844	P				+		
Coscinodiscus oculatus Schmidt, 1878	P	+		+	+		
Coscinodiscus oculus-iridis (Ehrenberg) Ehrenberg, 1840	P	+	+	+	+		Y
Coscinodiscus radiatus Ehrenberg, 1840	P	+	+		+		Y
Coscinodiscus sp.	P			+	+		Y
Coscinodiscus spinosus Chin, 1965	P		+	+	+		
Coscinodiscus subtilis Ehrenberg, 1841	P				+		
Coscinodiscus thorii	P			+	+		Y
Coscinodiscus wailesii Gran & Angst, 1931	P	+	+	+	+		Y
Palmerina hardmaniana (Greville) G. R. Hasle, 1996	P			+			
Heliopeltaceae							
Actinocyclus sp.	P			+			
Actinoptychus sp.	P			+			
Actinoptychus annulatus (Wallich) Grunow, 1883	P			+			
Actinoptychus trilingulatus (Brightw.) Ralfs, 1861	P				+		
Actinoptychus senarius (Ehrenberg) Ehrenberg, 1843	P		+	+	+		

续表

分类单元	生态类群	2008 年 5 月	2008 年 8 月	2008 年 10 月	2009 年 3 月	2009 年 5 月	历史航次
Azpeitia nodulifera (Schmidt). Fryxell & Sims, 1986	P			+			
Dictyochales							
Dictyochaceae							
Dictyocha speculum Ehrenberg, 1839	P	+		+			
Fragilariales							
Fragilariaceae							
Asterionellopsis glacialis (Castracane) Round, 1990	P		+	+			
Asteroplanus karianus (Grunow) Gardner & Crawford, 1997	P	*	+		*		
Ceratoneis closterium Ehrenberg, 1839	P	+	*				
Hemiaulales							
Bellerocheaceae							
Bellerochea horologicalis Stosch, 1980	P	+	+	+			
Hemiaulaceae							
Cerataulina bicornis (Ehrenberg) Hasle, 1985	P				+		
Eucampia zodiacus Ehrenberg, 1839	P	+					
Hemiaulus hauckii Grunow ex Heurck, 1882	P			+			
Hemiaulus membranaceus Cleve	P		+				
Hemiaulus sinensis Greville	P		+	+	+		
Leptocylindrales							
Leptocylindraceae							
Leptocylindrus danicus Cleve, 1889	P	+		+			
Leptocylindrus mediterraneus (Peragallo) Hasle, 1975	P			+			Y
Lithodesmiales							
Lithodesmiaceae							
Ditylum brightwellii (West) Grunow, 1885	P	+	+	*	+		
Ditylum sol (Grunow) Toni, 1894	P			+			
Helicotheca tamesis (Shrubsole) Ricard, 1987	P		+	+	+		
Licmophorales							
Licmophoraceae							
Licmophora abbreviata Agardh, 1831	P	+	+				
Licmophora flabellata (Grev.) Agardh, 1831	P			+			
Melosirales							
Melosiraceae							
Melosira lineata (Dillwyn) Agardh, 1824	P				+		

续表

分类单元	生态类群	2008 年 5 月	2008 年 8 月	2008 年 10 月	2009 年 3 月	2009 年 5 月	历史航次
Melosira montliformis (Muller) Agardh, 1824	P			+			
Stephanopyxidaceae							
Stephanopyxis palmeriana (Greville) Grunow, 1884	P			+			
Stephanopyxis turris (Greville) Ralfs, 1861	P			+			
Naviculales							
Diploneidaceae							
Diploneis bombus (Ehrenberg) Ehrenberg, 1853	P	+	+	+			
Diploneis schmidtii Cleve,1894	P				+		
Diploneis sp.	P			+			
Naviculaceae							
Navicula carinifera Grunow, 1874	P				+		
Navicula sp.	P		+	+			Y
Pinnulariaceae							
Pinnularia sp.	P	+	+				
Pleurosigmataceae							
Gyrosigma balticam var. *sinicum* (Eher.) Cleve	P			+			
Gyrosigma balticum (Ehrenberg) Rabenhorst, 1853	P	+	+	+	+		Y
Gyrosigma macrum (Smith) Griffith et Henfrey, 1856	P			+			
Gyrosigma sciotense (Sull. et Wormley) Cleve, 1856	P			+	+		
Gyrosigma sp.	P	+		+			
Gyrosigma tenuissimum (Smith) Griffith & Henfrey, 1856	P	+					
Pleurosigma aestuarii (Brébisson ex Kützing) Smith, 1853	P			+	+		
Pleurosigma angulatum (Queckett) Smith, 1852	P			+	+		
Pleurosigma angulatum var. *quadratum* (Smith) Heurck, 1881	P				+		
Pleurosigma elongatum var. *sinica* Skvortzow, 1932	P			+	+		
Pleurosigma elongatum Smith, 1852	P			+			
Pleurosigma falx Mann, 1925	P	+	+		+		
Pleurosigma formosum Smith, 1852	P	+	+				
Pleurosigma intermedium Smith, 1853	P	+					
Pleurosigma naviculaceum Brébisson, 1854	P			+			
Pleurosigma naviculaceum f. *minuta* Cleve	P			+			
Pleurosigma normanii Ralfs, 1861	P	+	+	+	+		
Pleurosigma pelagicum (Perag.) Cleve, 1894	P	+	+	+	+		
Pleurosigma rhombeum (Grun.) Peragallo,1894	P			+			

续表

分类单元	生态类群	2008 年 5 月	2008 年 8 月	2008 年 10 月	2009 年 3 月	2009 年 5 月	历史航次
Pleurosigma sp.	P	+		+	+	
Paraliales							
Paraliaceae							
Paralia sulcata (Ehrenberg) Cleve, 1873	P	*	*	*	*		Y
Rhizosoleniales							
Rhizosoleniaceae							
Dactyliosolen fragilissimus (Bergon) Hasle, 1996	P			+			
Guinardia delicatula (Cleve) Hasle, 1997	P			+			
Guinardia flaccida (Castracane) Peragallo, 1892	P	+					
Guinardia striata (Stolterfoth) Hasle, 1996	P		+	+			
Gymbella tumida (Breb.) Heurck, 1880	P			+			
Neocalyptrella robusta (Norman ex Ralfs) Hernández-Becerril & Meave	P		+	+			
Proboscia truncata (Karsten) Nöthig & Ligowski, 1991	P	+					
Pyxidicula weyprechtii Grunow, 1884	P				+		
Rhizosolenia bergonii Peragallo, 1892	P	+					
Rhizosolenia crassispina Schroeder, 1906	P	+	+	+			
Rhizosolenia imbricata Brightwell, 1858	P		+	+	+		
Rhizosolenia setigera Brightwell, 1858	P	+	+	+	+		
Rhizosolenia sinensis	P		+				
Rhizosolenia styliformis Brightwell, 1858	P	+	+	+	+		
Rhizosolenia styliformis var. *latissima* Brightwell, 1858	P			+			
Rhizosolenia styliformis var. *longispina* Hustedt, 1914	P			+			
Surirellales							
Entomoneidaceae							
Entomoneis alata (Ehrenberg) Ehrenberg, 1845	P			+	+		
Surirellaceae							
Campylodiscus ecclesianus Greville	P				+		
Campylodiscus latus Shadb, 1854	P			+			
Campylodiscus sp.	P			+			
Surirella fastuosa (Ehrenberg) Ehrenberg, 1843	P		+				
Surirella sp.	P	+					
Thalassionematales							
Thalassionemataceae							

续表

分类单元	生态类群	2008 年 5 月	2008 年 8 月	2008 年 10 月	2009 年 3 月	2009 年 5 月	历史航次
Thalassionema frauenfeldii (Grunow) Tempère & Peragallo, 1910	P	+	+	+	+		
Thalassionema nitzschioides (Grunow) Mereschkowsky, 1902	P	*	+	+			Y
Thalassiothrix longissima Cleve & Grunow, 1880	P	+		+	+		
Thalassiophysales							
Amphora sp.	P			+			
Catenulaceae							
Amphora ostrearia Brébisson, 1849	P			+			
Thalassiosirales							
Thalassiosiraceae							
Planktoniella blanda (Schmidt) Syvertsen & Hasle, 1993	P	+		+	+		
Planktoniella sol (Wallich) Schütt, 1892	P		+				
Thalassiosira eccentrica (Ehrenberg) Cleve, 1903	P	+	+	+	+		
Thalassiosira leptopus (Grunow ex Heurck) Hasle & Fryxell, 1977	P	+	+	+	+		
Thalassiosira nordenskioeldii Cleve, 1873	P		+	+			
Thalassiosira rotula Meunier, 1910	P		+	+			
Thalassiosira sp.	P	+					
Thalassiosira subtilis (Ostenfeld) Gran, 1900	P			+			
Lauderiaceae							
Lauderia annulata Cleve, 1873	P			+	+		
Stephanodiscaceae							
Cyclotella sp.	P			+			
Cyclotella striata (Kützing) Grunow, 1880	P	+	+		+		Y
Cyclotella stylorum Brightwell	P			+			
Detonula pumila (Castracane) Gran, 1900	P	+		+			
Skeletonema costatum (Greville) Cleve, 1873	P	*	*	*	*		Y
Triceratiales							
Triceratiaceae							
Biddulphia sp.	P			+			
Odontella aurita (Lyngbye) C.Agardh, 1832	P			+			
Odontella longicruris (Greville) Hoban, 1983	P			+			
Odontella mobiliensis (Bailey) Grunow, 1884	P		+	+	+		
Odontella regia (Schultze) Simonsen, 1974	P		+	+			

续表

分类单元	生态类群	2008年5月	2008年8月	2008年10月	2009年3月	2009年5月	历史航次
Odontella sinensis (Greville) Grunow, 1884	P	+	+	+	+		
Triceratium favus Ehrenberg, 1839	P	+	+	+	+		
Triceratium scitulum Brightwell	P				+		
Peridinea							
Dinophysida							
Dinophysiaceae							
Dinophysis caudata Saville-Kent, 1881	P	+					
Gonyaulacida							
Gonyaulacaceae							
Alexandrium catenella (Whedon & Kofoid) Balech, 1985	P			+			
Alexandrium tamarense (Lebour) Balech, 1995	P			+	+		
Ceratiaceae							
Ceratium breve var. *parallelum* (Schmidt) Jórgensen	P	+					
Ceratium sp.	P			+			
Neoceratium furca (Ehrenberg) Gomez, Moreira & Lopez-Garcia, 2010	P		+	+			
	P	+	+	+	+		
Neoceratium macroceros (Ehrenberg) Gomez, Moreira & Lopez-Garcia, 2010	P	+		+			Y
	P	+	+	+	+		Y
Gymnodiniida							
Gymnodiniaceae							
Akashiwo sanguinea (Hirasaka) Hansen & Moestrup, 2000	P			+			
Gymnodinium sp.	P			+			
Kareniaceae							
Karenia mikimotoi (Miyake & Kominami ex Oda) Hansen	P	+					
Peridiniida							
Protoperidiniaceae							
Protoperidinium divergens (Ehrenberg) Balech, 1974	P			+			
Protoperidinium pentagonum (Gran) Balech, 1974	P		+				
Prorocentrum micans Ehrenberg, 1834	P			+			
Prorocentrum triestinum J. Schiller, 1918	P		+				
Spirotrichea							
Tintinnida							

续表

分类单元	生态类群	2008 年5 月	2008 年8 月	2008 年10 月	2009 年3 月	2009 年5 月	历史航次
Codonellidae							
Tintinnopsis nitida Brandt, 1986	Z				+		
Noctilucea							
Noctilucida							
Noctilucaceae							
Noctiluca scintillans (Macartney) Kofoid & Swezy, 1921	Z	*	+		+		Y
	P			+			
Chlorophyta							
Chlorophyta und.	P				+		
Ulvophyceae							
Ulvales							
Ulvaceae							
Ulva pertusa Kjellman, 1897	M					T+	
Ulva intestinalis Linnaeus, 1753	I	+					
Ulva conglobata Kjellman, 1897	I	+					
Rhodophyta							
Florideophyceae							
Gelidiales							
Gelidiaceae							
Gelidium divaricatum G. Martens, 1866	I	+					
Gracilaria chouae Zhang & B. M. Xia, 1992	I	+					
Cnidaria							
Hydrozoa							
Narcomedusae							
Aeginidae							
Koellikerina staurogaster Xu & Huang, 2004	Z	+					
Solmundella bitentaculata (Quoy & Gaimard, 1833)	Z			+			
Trachymedusae							
Rhopalonematidae							
Aglaura hemistoma Péron & Le Sueur, 1810	Z			+			Y
Anthoathecata							
Bougainvilliidae							
Bougainvillia larva	Z	+					
Bougainvillia bitentaculata Uchida, 1925	Z	+					

分类单元	生态类群	2008年5月	2008年8月	2008年10月	2009年3月	2009年5月	历史航次
Hydractiniidae							
Hydractinia sp.	Z				+		
Proboscidactylidae							
Proboscidactyla flavicirrata Brandt, 1835	Z	+					
Corymorphidae							
Corymorpha bigelowi (Maas, 1905)	Z				+		Y
Corymorpha solidonema (Huang, 1999)	Z				+		
Euphysa aurata Forbes, 1848	Z			+			
Corynidae							
Stauridiosarsia nipponica (Uchida, 1927)	Z				+		
Leptothecata							
Campanulariidae							
Leptomedusae larva	Z	+	+				
Clytia folleata (McCrady, 1859)	Z	+	+	+			
Blackfordiidae							
Blackfordia virginica Mayer, 1910	Z	+					
Campanulariidae							
Obelia sp.	Z	+	+	+			Y
Eirenidae							
Eutima sp.	Z				+		
Eirene brevigona Kramp, 1959	Z			+			
Eirene brevistylus Huang & Xu, 1994	Z	+			+		
Eirene menoni Kramp, 1953	Z		+				Y
Eutima japonica Uchida, 1925	Z	+					Y
Eutima levuka (Agassiz & Mayer, 1899)	Z	+		+			
Lovenellidae							
Eucheilota larva	Z	+					
Eucheilota sp.	Z				+		
Lovenella haichangensis Xu & Huang, 1983	Z				+		
Malagazziidae							
Malagazzia condensum (Kramp, 1953)	Z	+					
Phialellidae							
Plhialella larva	Z	+					
Phialella sp.	Z	+					

续表

分类单元	生态类群	2008 年5 月	2008 年8 月	2008 年10 月	2009 年3 月	2009 年5 月	历史航次
Phialucium sp.	Z			+	+		
Phialella macrogona Xu, Huang & Wang, 1985	Z				+		
Siphonophorae							
Diphyidae							
Diphyes chamissonis Huxley, 1859	Z		+	+	+		Y
Lensia subtiloides (Lens & van Riemsdijk, 1908)	Z	+	+	+	+		Y
Muggiaea atlantica Cunningham, 1892	Z	+			+		Y
Anthozoa							
Actiniaria							
Actiniidae							
Anthopleura sp.	I	+					
Scleractinia							
Dendrophylliidae							
Tubastraea coccinea Lesson, 1829	I	+					
	M	C+					
Alcyonacea							
Plexauridae							
Euplexaura sp.	I	+					
Pennatulacea							
Veretillidae							
Cavernularia habereri Moroff, 1902	M					T+	Y
Virgularia gustaviana (Herklots, 1863)	M					T+	
Ctenophora							
Nuda							
Beroida							
Beroidae							
Beroe cucumis Fabricius, 1780	Z	+					
Tentaculata							
Cydippida							
Pleurobrachiidae							
Pleurobrachia globosa Moser, 1903	Z	+	+	+	+		Y
Platyhelminthes							
Rhabditophora							
Polycladida							

分类单元	生态类群	2008 年 5 月	2008 年 8 月	2008 年 10 月	2009 年 3 月	2009 年 5 月	历史航次
Stylochidae							
Stylochus (*Imogine*) ijimai Yeri & Kaburaki, 1918	I	+					
Nemertea							
Nemertinea und.	I	+					
Anopla							
Lineidae							
Cerebratulus sp.	I	+					
Annelida							
Polychaeta							
Polychaeta und.	Z			+			
Polychaeta larva	Z	+	+	+	+		Y
Nectochaete larva (Polychaeta)	Z	+					
Metatroch larva (Polychaeta)	Z	+	+				
Phyllodocida							
Phyllodocidae und.	I	+					
Phyllodocidae							
Eteone sp.	I	+					
	M	C+					
Eulalia viridis (Linnaeus, 1767)	I	+					
Phyllodoce sp.	I	+					
Paralacydonia paradoxa Fauvel, 1913	M	C+					
Aphroditidae							
Harmothoe sp.	I	+					
Tomopteridae							
Tomopteris sp.	Z			+			
Polynoidae							
Polynoidae und.	M	C+					
Halosydna brevisetosa Kinberg, 1856	I	+					
Harmothoe sp.	M	C+					
Lepidasthenia ocellata (McIntosh, 1885)	M	C+					
Lepidonotus sp.	I	+					
Lepidonotus tenuisetosus (Gravier, 1902)	I	+					
Hesionidae							
Ophiodromus sp.	I	+					

续表

分类单元	生态类群	2008 年 5 月	2008 年 8 月	2008 年 10 月	2009 年 3 月	2009 年 5 月	历史航次
Podarkeopsis sp.	M	C+					
Pilargidae							
Ancistrosyllis brevicirrus Rangarajan, 1964	I	+					
Cabira pilargiformis (Uschakov & Wu, 1962)	M	C+					
Sigambra hanaokai (Kitamori, 1960)	I	+					
	M	C+					
Syllidae							
Syllidae und.	I	+					
Sigambra sp.	I	+					
Typosyllis sp.	I	+					
Nereididae							
Neanthes donghaiensis Wu, Sun & Yang, 1981	I	+					
Neanthes japonica (Izuka, 1908)	I	+					
Neanthes sp.	I	+					
	M	C+					
Nectoneanthes oxypoda (Marenzeller, 1879)	I	+					
	M	C+				T+	
	M	C+				T+	
	M					T+	
Paraleonnates uschakovi Chlebovitsch & Wu, 1962	I	+					
Perinereis camiguinoides (Augener, 1922)	I	+					
Perinereis cultrifera (Grube, 1840)	I	+					
Glyceridae							
Glycera chirori Izuka, 1912	I	+					Y
	M	C+		C+		T+	
Glycera sp.	I	+					Y
Glycera sp.	M			C+			
Glycera subaenea Grube, 1878	M			C+			
Goniadidae							
Ceratonereis sp.	I	+					
Glycinde gurjanovae Uschakov & Wu, 1962	I	+					
	M	C*		C+			
Goniada japonica Izuka, 1912	M			C+			
Goniada maculata Örsted, 1843	I	+					

分类单元	生态类群	2008年5月	2008年8月	2008年10月	2009年3月	2009年5月	历史航次
Nephtyidae							
Aglaophamus dibranchis (Grube, 1877)	M			C+			
Aglaophamus lobatus Imajima & Takeda, 1985	M	C+					
Aglaophamus sp.	M			C+			
Nephtys californiensis Hartman, 1938	M	C*		C+			
Nephtys neopolybranchia Imajima & Takeda, 1987	I	*					
	M	C+					
Nephtys oligobranchia Southern, 1921	I	*					
	M	C+		C+			
Nephtys sp.	I	+					
Orbiniidae							
Scoloplos (*Leodamas*) *rubra* (Webster, 1879)	I	+					
Scoloplos (*Scoloplos*) *marsupialis* (Southern, 1921)	I	+					
Scoloplos rubra (Webster, 1879)	M	C+		C+			
Amphinomida							
Amphinomidae							
Chloeia violacea Horst, 1910	M					T+	
Cossuridae							
Cossura dimorpha (Hartman, 1976)	I	+					
Spionida							
Sabellidae							
Sabellidae und.	I	+					
Aonides sp.	I	*					
Paraprionospio pinnata (Ehlers, 1901)	I	+					
	M			C+			
Polydora sp.	I	+					
Prionospio dayi japonica (Imajima, 1989)	M	C+		C+			
Prionospio malmgreni Claparède, 1869	I	+					Y
	M	C+					
Prionospio sp.	I	+					
Pseudolydora sp.	I	+					
Pseudopolydorazkempi (*Southern*, 1921)	M	C+					
Scolelepis sp.	I	+					
	M			C+			

续表

分类单元	生态类群	2008年5月	2008年8月	2008年10月	2009年3月	2009年5月	历史航次
Spio sp.	M	C+					
Tharyx sp.	I	+					
	M	C+		C+			
Capitellidae							
Barantolla sp.	I	+					
Heteromastus filiformis (Claparède, 1864)	M	C+		C+			
	I	+					
Mediomastus californiensis Hartman, 1944	M	C+					
	I	+					
Notomastus aberans Day, 1957	M	C+					Y
	I	+					
	M	C+					
	I	+					
Opheliidae							
Armandia sp.	I	+					
Magelonidae							
Magelona cincta Ehlers, 1908	I	+					
Poecilochaetidae							
Poecilochaetus sp.	I	+					
Eunicida							
Onuphidae							
Diopatra chiliensis Quatrefages, 1866	I	+					
	M	C+		C+			
	M					T+	
Eunicidae							
Lysidice ninetta Audouin & Milne-Edwards, 1833	I	+					
Marphysa sp.	I	+					
Schistomeringos sp.	I	+					
Lumbrineridae							
Lumbrineris heteropoda	I	+					Y
	M			C+			
Lumbrineris sp.	I	+					
	M	C+		C+			
Oenonidae							

分类单元	生态 类群	2008 年 5 月	2008 年 8 月	2008 年 10 月	2009 年 3 月	2009 年 5 月	历史 航次
Arabella iricolor (Montagu, 1804)	I	+					
Terebellida							
Terebellidae							
Amaeana sp.	I	+					
Amaeana trilobata (Sars, 1863)	I	+					
	M	C+					
Loimia sp.	I	+					
Cirratulidae							
Thelepus plagiostoma (Schmarda, 1861)	I	+					
Sternaspis scutata Ranzani, 1817	I	+					Y
	M	C+		C+		T+	
Sabellida							
Sabellariidae							
Lygdamis indicus Kinberg, 1866	M	C+					
Serpulidae							
Hydroides diramphus Mörch, 1863	I	+					
Hydroides sp.	I	+					
Spirobranchus kraussii (Baird, 1865)	I	+					
Spirobranchus sp.	I	+					
Sipuncula							
Phascolosomatidea							
Phascolosomatida							
Phascolosomatidae							
Phascolosoma (*Phascolosoma*) *arcuatum* (Gray, 1828)	I	+					
Phascolosoma sp.	I	+					
Mollusca							
Polyplacophora							
Chitonida							
Chitonidae							
Liolophura japonica (Lischke, 1873)	I	+		+			
Scaphopoda							
Dentaliida							
Dentaliidae							
Dentalium octangulatum Donovan, 1804	M			C+			

续表

分类单元	生态类群	2008 年 5 月	2008 年 8 月	2008 年 10 月	2009 年 3 月	2009 年 5 月	历史航次
Gastropoda							
Archaeogastropoda							
Nacellidae							
Cellana toreuma (Reeve, 1854)	I	+					
Lottiidae							
Patelloida pygmaea (Dunker, 1860)	I	+		+			
Acmdeidae							
Notoacmea schrenckii (Lischke, 1868)	I			+			
Trochidae							
Gastropoda larva	Z	*	+	*	*		
Lamellibranchia larva	Z			+			
Chlorostoma rustica (Gmelin, 1791)	I	+		+			
Umbonium vestiarium (Linnaeus, 1758)	I	+		*			
Turbinidae							
Lunella coronata granulata (Gmelin, 1971)	I	+		+			
Cycloneritimorpha							
Neritidae							
Nerita albicilla Linnaeus, 1758	I			+			
Neritina violacea (Gmelin, 1791)	I	+		+			
Littorinimorpha							
Littorinidae							
Littoraria articulata (Philippi, 1846)	I	+		+			
Littoraria melanostoma (Gray, 1839)	I	+		+			
Littorina brevicula (Philippi, 1844)	I	*		+			
Nodilittorina radiata (Eydoux et Souleyet, 1852)	I			*			
Nodilittorina trochoides (Gray,1839)	I	+		+			
Assimineidae							
Assiminea brevicula (Pfeiffer, 1855)	I	+		*			
	M	C+					
Vermetidae							
Thylacodes adamsii (Mörch, 1859)	I	+		+			
Vermetus renisectus (Carpenter, 1857)	I	+					
Calyptraeidae							
Calyptraea morbida (Reeve, 1895)	M					T+	

分类单元	生态类群	2008年5月	2008年8月	2008年10月	2009年3月	2009年5月	历史航次
Naticidae							
Laguncula pulchella Benson, 1842	M					T+	
Natica janthostomoides Kuroda et Habe	I	+					
Natica lineata (Röding, 1798)	M					T+	
Natica sp.	I	+					
Notocochlis tigrina (Röding, 1798)	M					T+	
Sinum planulatum (Récluz, 1843)	M					T*	
	I	+					
Caenogastropoda							
Potamididae							
Cerithidea cingulata (Gmelin, 1791)	I	+					
Cerithidea microptera (Kiener, 1842)	I	+					
Batillariidae							
Batillaria zonalis (Bruguière, 1792)	I	+					
Cerithioidea							
Turritella bacillum Kiener, 1844	M					T+	Y
Neogastropoda							
Buccinidae							
Cantharus cecillei Philippi, 1844	I			+			
Muricidae							
Rapana sp.	I	+		+			
Thais clavigera Kuster, 1860	I	+					
Thais luteostoma (Holten, 1803)	I	+		+			
Thais sp.	M					T+	
Pyrenidae							
Mitrella bella (Reeve)	I			+			
Nassariidae							
Nassarius festivus (Powys, 1835)	M			C+			
	I	+		+			
Nassarius succinctus (A. Adams, 1852)	M					T+	Y
Nassarius sufflatus (Gould, 1860)	I	+					
Nassarius variciferus (A. Adams, 1852)	M					T+	Y
Zeuxis sp.	I	+		*			Y
	M	C+					

续表

分类单元	生态 类群	2008 年 5 月	2008 年 8 月	2008 年 10 月	2009 年 3 月	2009 年 5 月	历史 航次
	M					T+	
Mitridae							
Mitra chinensis Griffith & Pidgeon, 1834	I	+		+			
Caenogastropoda							
Turridae							
Gemmula deshayesii (Doumet, 1839)	M					T+	
Haminoeidae							
Bullacta exarata (Philippi, 1849)	I	+		+			
Cylichnidae							
Didontoglossa koyasensis (Yokoyama, 1927)	I	+					
Onchidiidae							
Systellommatophora							
Peronia verruculata (Cuvier, 1830)	I	+		+			
Littorinimorpha							
Ranellidae							
Apollon olivator rubustus (Fulton)	I	+		+			
Bivalvia							
Bivalve larva	Z	+	+				
Arcoida							
Arcidae							
Acar plicata (Dillwyn, 1817)	I			+			
Barbatia virescens (Reeve, 1844)	I	+		+			
Mesocibota bistrigata (Dunker, 1866)	I	+					
Tgillarca granosa (Linnaeus, 1758)	I	+					Y
Mytiloida							
Mytilidae							
Brachidontes pharaonis (P. Fischer, 1870)	I	+					
Gregariella coralliophaga (Gmelin, 1791)	I	+					
Hiatula castanea Scarlato, 1965	I	+					
Lithophaga mucronata (Philippi, 1846)	I	+		+			
Modiolus comptus (Sowerby III, 1915)	I	+					
Modiolus modulides (Röding, 1798)	M					T+	
Modiolus nipponicus (Oyama, 1950)	I			+			
Musculus sp.	M					T+	Y

续表

分类单元	生态类群	2008 年 5 月	2008 年 8 月	2008 年 10 月	2009 年 3 月	2009 年 5 月	历史航次
Perna viridis (Linnaeus, 1758)	I	+		+			
Septifer virgatus (Wiegmann, 1837)	I	+		+			
Stavelia subdistorta (Récluz, 1852)	I	+					
Xenostrobus atratus (Lischke, 1871)	I	+		*			
Pterioida							
Pinnidae							
Atrina pectinata (Linnaeus, 1767)	I	+					
Isognomon legumen (Gmelin, 1791)	I			+			
Isognomon nucleus (Lamarck, 1819)	I	+					
Limoida							
Limidae							
Limaria basilanica (Adams & Reeve, 1850)	M					T+	
Pectinoida							
Spondylidae							
Spondylus squamosus Schreibers, 1793	I	+					
Anomiidae							
Anomia chinensis Philippi, 1849	I			+			
Ostreoida							
Ostreidae							
Saccostrea cucullata (Born, 1778)	I	+		+			
Saccostrea echinata (Quoy & Gaimard, 1835)	I	+		*			
Lucinoida							
Lucinidae							
Lucinoma sp.	I			+			
Veneroida							
Lucinidae							
Pillucina sp.	M	C+					
Chamidae							
Chama asperella Lamarck, 1819	I			+			
Chama dunkeri Lischke, 1870	I	+		+			
Mactridae							
Mactra quadrangularis Reeve, 1854	I	+		+			
Angulus lanceolata (Gmelin, 1791)	M	C+					
Macoma arafurensis (Smith, 1885)	M					T+	

续表

分类单元	生态类群	2008 年 5 月	2008 年 8 月	2008 年 10 月	2009 年 3 月	2009 年 5 月	历史航次
Moerella culter (Hanley,1844)	I	+		+			
Moerella fragilia Zorina,1971	M					T+	
Moerella iridescens (Benson, 1842)	I	+					
Nitidotellina iridella (Martens, 1865)	M	C+					
Pinguitellina casta (Hanley,1844)	M					T+	
Pulvinus micans (Hanley,1844)	M					T+	Y
Semelidae							
Theora lata (Hinds, 1843)	M	C+				T+	
	I	*					
Arcticoidea							
Neotrapezium liratum (Reeve, 1843)	I	+		+			
Veneridae							
Chion sp.	I	+					
Cyclina sinensis (Gmelin, 1791)	I	+					
Dosinia japonica (Reeve, 1850)	I			+			
Lioconcha sp.	M	C+					
Macridiscus aequilatera (G.B. Sowerby I, 1825)	I	+		+			
Meretrix meretrix (Linnaeus, 1758)	I			+			
	M			C+		T+	
Sunetta kirai Huber, 2010	M					T+	
Venerupis philippinarum (Adams & Reeve, 1850)	M			C+		T+	
Carditoida							
Carditidae							
Cardita leana Dunker, 1860	I			+			
Megacardita sp.	I			+			
Corbicula							
Acanthoecaceae							
Corbicula sp.	I			+			
Euheterodonta							
Pharidae							
Sinonovacula constricta (Lamarck, 1818)	I	+		*			
Solenidae							
Solen linearis Spengler, 1794	I			+			
Myoida							

续表

分类单元	生态类群	2008 年 5 月	2008 年 8 月	2008 年 10 月	2009 年 3 月	2009 年 5 月	历史航次
Corbulidae							
Potamocorbula laevis (Hinds, 1843)	M	C*		C+		T*	
	I	+					
Pholadidae							
Martesia yoshimurai (Kuroda et Termachi, 1930)	I	+		+			
Anomalodesmata							
Laternulidae							
Laternula anatina (Linnaeus, 1758)	I	+					
Thraciidae							
Trigonothracia sp.	I	+					
Trigonothracia jinxingae Xu, 1980	M					T+	
Cephalopoda							
Sepiida							
Sepiidae							
Sepiella japonica Sasaki, 1929	N			+			
Myopsida							
Loliginidae							
Loliolus beka (Sasaki, 1929)	N			+			
	M					T+	
Uroteuthis duvaucelii (d'Orbigny, 1835)	N			+			
Octopoda							
Octopodidae							
Amphioctopus fangsiao (Orbigny, 1839)	N			+			
	M					T+	
Octopus variabilis (Sasaki, 1929)	N			+			
Arthropoda							
Branchiopoda							
Diplostraca							
Sididae							
Diaphanosoma brachyurum (Liévin, 1848)	Z		+				
Daphniidae							
Daphnia pulex Leydig, 1860	Z		+				
Moinidae							
Moina macrocopa (Straus, 1820)	Z		*				

续表

分类单元	生态类群	2008 年 5 月	2008 年 8 月	2008 年 10 月	2009 年 3 月	2009 年 5 月	历史航次
Bosminidae							
Bosmina (*Bosmina*) longirostris (Müller, 1785)	Z		+				
Chydoridae							
Leydigia ciliata (Gauthier, 1939)	Z		+				
Ostracoda							
Myodocopida							
Cypridinidae							
Cypridina dentata (Müller, 1906)	Z		+	+			Y
Halocyprida							
Halocyprididae							
Euconchoecia aculeata (Scott, 1894)	Z		+				Y
Maxillopoda							
Calanoida							
Acartiidae							
Alima larva	Z		+	+			
Copepodite larva	Z	+	+	+	+		
Nauplius larva (Copepoda)	Z	+	+		*		
Acartia (*Acartia*) *negligens* Dana, 1849	Z			+	+		
Acartia (*Odontacartia*) *erythraea* Giesbrecht, 1889	Z		+				
Acartia pacifica larva	Z			+	+		
Acartia (*Odontacartia*) *pacifica* Steuer, 1915	Z	*	*	*	*		Y
Acartiella sinensis Shen & Lee, 1963	Z			+			
Calanidae							
Calanus sinicus Brodsky, 1962	Z	+	+		+		Y
Canthocalanus pauper (Giesbrecht, 1888)	Z	+	+				Y
Nannocalanus minor (Claus, 1863)	Z			+			Y
Candaciidae							
Candacia bradyi Scott, 1902	Z		+	+			
Candacia discaudata Scott, 1909	Z			+			
Centropagidae							
Centropages dorsispinatus Thompson & Scott , 1903	Z			+	+		
Centropages tenuiremis Thompson & Scott , 1903	Z	*	+		+		Y
Euterpinidae							
Euterpina acutifrons (Dana, 1847)	Z	+	+	+			

续表

分类单元	生态类群	2008 年 5 月	2008 年 8 月	2008 年 10 月	2009 年 3 月	2009 年 5 月	历史航次
Paraeuchaeta concinna (Dana, 1849)	Z			+	+		Y
Paraeuchaeta plana (Mori, 1937)	Z				+		Y
Diaptomidae							
Phyllodiaptomus tunguidus Sen et Tai, 1964	Z		+				
Paracalanidae							
Acrocalanus gibber Giesbrecht, 1888	Z		*	+			Y
Acrocalanus gracilis Giesbrecht, 1888	Z	+					Y
Bestiolina amoyensis (Li & Huang, 1984)	Z		+	+	+		
Paracalanus aculeatus Giesbrecht, 1888	Z	+	+	+			
Paracalanus parvus (Claus, 1863)	Z	*		*	*		
Parvocalanus crassirostris (Dahl F., 1894)	Z	*	*	*	*		
Pontellidae							
Calanopia thompsoni Scott, 1909	Z			+	+		
Labidocera acuta (Dana, 1849)	Z			+			
Euchaeta larva	Z		+				
Labidocera euchaeta Giesbrecht, 1889	Z	+	+	+	+		Y
Labidocera larva	Z		+				
Labidocera minuta Giesbrecht, 1889	Z			+	+		
Labidocera pavo Giesbrecht, 1889	Z			+			
Labidocera rotunda Mori, 1929	Z		+	+			Y
Pontellopsis tenuicauda (Giesbrecht, 1889)	Z		+				Y
Pseudodiaptomidae							
Pseudodiaptomus forbesi (Poppe & Richard, 1890)	Z				+		
Pseudodiaptomus marinus Sato, 1913	Z	+	+	+	+		
Pseudodiaptomus poplesia (Shen, 1955)	Z	+	+				Y
Scolecitrichidae							
Scolecithricella nicobarica (Sewell, 1929)	Z	+	+				
Subeucalanidae							
Subeucalanus subcrassus (Giesbrecht, 1888)	Z	+	+	+	+		
Temoridae							
Temora turbinata (Dana, 1849)	Z	+	+	+			Y
Tortanus (*Eutortanus*) *derjugini* Smirnov, 1935	Z			+			Y
Tortanus (*Eutortanus*) *dextrilobatus* Chen & Zhang, 1965	Z	*		+	*		
Tortanus (*Tortanus*) *forcipatus* (Giesbrecht, 1889)	Z		+				Y

续表

分类单元	生态类群	2008 年 5 月	2008 年 8 月	2008 年 10 月	2009 年 3 月	2009 年 5 月	历史航次
Tortanus (*Tortanus*) *gracilis* (Brady, 1883)	Z			+			Y
Cyclopidae							
Cyclopoida larva	Z	+	+				
Mesocyclops leukarti (Claus, 1957)	Z		+				
Cyclopoida							
Oithonidae							
Oithona larva	Z		+				
Oithona attenuata Farran, 1913	Z	+	+				
Oithona brevicornis brevicornis Giesbrecht, 1891	Z	+	+	+	+		
Oithona nana Giesbrecht, 1893	Z			+			
Oithona plumifera Baird, 1843	Z			+			
Oithona rigida Giesbrecht, 1896	Z			+			
Oithona similis Claus, 1866	Z	+		+	*		
Oithona simplex Farran, 1913	Z	+	+	*			
Harpacticoida							
Harpacticoida und.	Z	+	+				
	Z			+			
Cletodidae							
Enhydrosoma longum Shen & Tai, 1979	Z				+		
Ectinosomatidae							
Microsetella norvegica (Boeck, 1865)	Z	+	+	+	+		
Microsetella rosea (Dana, 1848)	Z		+	+	+		
Laophontidae							
Onychocamptus mohammed (Blanchard & Richard, 1891)	Z				+		
Miraciidae							
Amonardia forficula (Claus, 1863)	Z				+		
Macrosetella gracilis (Dana, 1847)	Z			+			
Peltidiidae							
Clytemnestra scutellata Dana, 1849	Z			+	+		
Poecilostomatoida							
Corycaeidae							
Corycaeus affinis McMurrich, 1916	Z	+	+	+	+		
Corycaeus dahli Tanaka, 1957	Z	+	+				
Corycaeus sp.	Z			+			

续表

分类单元	生态类群	2008年5月	2008年8月	2008年10月	2009年3月	2009年5月	历史航次
Sapphirinidae							
Sapphirina nigromaculata Claus, 1863	Z			+			
Sessilia							
Archaeobalanidae							
Nauplius larva (Cirripedia)	Z	*	+	*	+		
Cypris larva	Z	+	+	+			
Balanus larva	Z			+			
Striatobalanus amaryllis (Darwin, 1854)	I	+		+			Y
Amphibalanus amphitrite (Darwin, 1854)	M				T+		
	I	*					
Amphibalanus reticulatus (Utinomi, 1967)	I			+			Y
Chthamalus moro Pilsbry, 1916	I	*		+			
Tetraclitidae							
Tetradita squamosa squamosa (Bruguiére, 1890)	I	+		+			
Scalpelliformes							
Pollicipidae							
Capitulum mitella (Linnaeus, 1758)	I			+			
Malacostraca							
Mysida							
Mysidae							
Mysidacea larva	Z			+			
Mysidacea larva	Z			+			
Hyperacanthomysis longirostris (Ii, 1936)	Z	+					
Iiella pelagica (Ii, 1964)	Z			+			
Neomysis orientalis Ii, 1964	Z	+					
Neomysis sp.	Z				+		
Notacanthomysis laticauda (Liu & Wang, 1980)	Z			+	+		
Cumacea							
Bodotriidae							
Iphinoe tenera Lomakina, 1960	M	C+					
	I	+					
Diastylidae							
Diastylis tricincta (Zimmer, 1903)	Z	+					
	I	+					

续表

分类单元	生态类群	2008 年 5 月	2008 年 8 月	2008 年 10 月	2009 年 3 月	2009 年 5 月	历史航次
Isopoda							
Isopoda und.	Z	+					
Cirolanidae							
Cirolana harfordi (Lockington, 1877)	I	*		*			
Cirolana sp.	Z			+			
Natatolana japonensis (Richardson, 1904)	M	C+		C+			Y
Paranthuridae							
Paranthura japonica Richardson, 1909	I			+			
Cymothoidae							
Aegathoa oculata (Say, 1818)	Z			+			
Sphaeromatidae							
Sphaeroma retrolaeve Richardson, 1904	I	+					
Idotheoidae							
Idotca sp.	I	+					
Idoteidae							
Synidotea laevidorsalis (Miers, 1881)	M					T+	
Ligiidae							
Ligia exotica (Roux, 1828)	M					T+	
Microniscidae							
Microniscus sp.	Z	+	+	+			
Amphipoda							
Ampithoidae							
Ampithoe valida Smith, 1873	I	+					
Aoridae							
Grandidierella japonica Stephensen, 1938	M	C+					
	I	+					
Corophiidae							
Corophium lamellatum Herrayama, 1986	M	C+		C*			Y
	I	*		+			
Monocorophium uenoi (Stephensen, 1932)	I	+		+			
Pareurystheus amakusaensis Hirayama, 1984	M	C+					
	I			+			
Gammaridae							
Gammarus und.	Z	+	+	+	+		

续表

分类单元	生态类群	2008 年 5 月	2008 年 8 月	2008 年 10 月	2009 年 3 月	2009 年 5 月	历史航次
Hyalidae							
Hyale grandicornis Krøyer, 1845	I	+		+			
Hyale schmidti (Heller, 1866)	M	C+					
	I	+					
Ischyroceridae							
Ericthonius pugnax (Dana, 1852)	M	C+					
	I	+					
Eriopisidae							
Eriopisella sechellensis (Chevreux, 1901)	I	+					
	M			C+			
Liljeborgiidae							
Ideonella sp.	M			C+			
Oedicerotidae							
Pontocrates altamarinus (Bate & Westwood, 1862)	M	C+					
	I	*					
Sinoediceros homopalmatus Shen, 1955	I	+					
Phoxocephalidae							
Harpiniopsis sp.	I			+			
Urothoidae							
Urothoe grimaldii Chevreux, 1895	I	*		*			
Lestrigonidae							
Lestrigonus bengalensis Giles, 1887	Z	+	+				
Lestrigonus macrophthalmus (Vosseler, 1901)	Z			+			
Lestrigonus sp.	Z			+			Y
Caprellidae							
Caprella sp.	Z			+			Y
	Z	+					
Caprella scaura Templeton, 1836	I	+					
Euphausiacea							
Euphausiidae							
Calyptopis larva	Z		+				
Euphausia larva	Z			+			
Furcilia larva	Z		+	+			
Pseudeuphausia larva	Z			+			

续表

分类单元	生态类群	2008 年 5 月	2008 年 8 月	2008 年 10 月	2009 年 3 月	2009 年 5 月	历史航次
Pseudeuphausia sinica larva	Z			+			
Pseudeuphausia sinica Wang & Chen, 1963	Z			+	+		Y
Decapoda							
Solenoceridae							
Solenocera crassicornis (Milne Edwards, 1837)	N	+		+			
Penaeidae							
Zoea larva (Macrura)	Z			+	+		
Macrura larva	Z	+	+				Y
Atypopenaeus stenodactylus (Stimpson, 1860)	M	C+					
	M					T+	
Fenneropenaeus penicillatus (Alcock, 1905)	N			+			Y
Marsupenaeus japonicus (Spence Bate, 1888)	M					T+	
Metapenaeus affinis (Milne Edwards, 1837)	N			+			Y
	I	+					
	M					T+	
Metapenaeus ensis (De Haan, 1844)	N	+		+			Y
Metapenaeus intermedius (Kishinouye, 1900)	N			+			
Metapenaeus joyneri (Miers, 1880)	N	+		+			
Mierspenaeopsis cultrirostris (Alcock, 1906)	I			+			Y
	N	+		+			Y
Parapenaeopsis hardwickii (Miers, 1881)	N	+		+			
Penaeus semisulcatus Haan, 1844	I	+					
	M	C+					
Trachysalambria curvirostris (Stimpson, 1860)	M					T*	Y
Sergestidae							
Acetes chinensis Hansen, 1919	M					T+	Y
Acetes japonicus Kishinouye, 1905	Z		+	+			Y
Sesarmidae							
Nanosesarma minutum (Man, 1887)	I	+		+			
Parasesarma tripectinis (Shen, 1940)	M					T+	
	I			+			
Sesarma bidens (Hann, 1835)	I	+		+			
Palaemonidae							
Exopalaemon annandalei (Kemp, 1917)	M					T+	

续表

分类单元	生态类群	2008 年 5 月	2008 年 8 月	2008 年 10 月	2009 年 3 月	2009 年 5 月	历史航次
Exopalaemon carinicauda (Holthuis, 1950)	N			+			
Palaemon serrifer (Stimpson, 1860)	I	+					
	M					T+	
Porcellanidae							
Petrolisthes haswelli Miers, 1884	I			+			
	M					T+	
Raphidopus ciliatus Stimpson, 1858	M					T+	
Alpheidae							
Alpheus hoplocheles Coutière, 1897	M					T+	
Alpheus japonicus Miers, 1879	I			+			
	M			C+		T+	
Alpheus rapax Fabricius, 1798	I	+					
Ogyrididae							
Ogyrides orientalis (Stimpson, 1860)	I	+		*			
	M	C+		C*			
Hippolytidae							
Latreutes anoplonyx Kemp, 1914	M	C+					
Callianassidae							
Nihonotrypaea japonica (Ortmann, 1891)	I			+			
Diogenidae							
Tortanus larva	Z		+				
Clibanarius inaequalis (De Haan, 1849)	I			+			
	M					T+	
Clibanarius infraspinatus (Hilgendorf, 1869)	M					T+	
	I	+		+			
Diogenes paracristimanus Wang & Dong, 1977	I	+					
Paradorippe polita (Alcock & Anderson, 1894)	M					T+	
Hippidae							
Emerita sp.	M					T+	
Matutidae							
Ashtoret lunaris (Forskål, 1775)	I			+			Y
Menippidae							
Sphaerozius nitidus Stimpson, 1858	I	+		+			
Euryplacidae							

续表

分类单元	生态类群	2008 年 5 月	2008 年 8 月	2008 年 10 月	2009 年 3 月	2009 年 5 月	历史航次
Eucrate crenata (De Haan, 1835)	N	*		+			
Hexapodidae							
Hexapinus granuliferus (Campbell & Stephenson, 1970)	I	+		+			
	M			C+		T+	
Typhlocarcinops denticarpus Dai, Yang, Song & Chen, 1986	M					T+	
Luciferidae							
Lucifer larva	Z	+					
Lucifer hanseni Nobili, 1905	Z		+	+			Y
Epialtidae							
Doclea ovis (Fabricius, 1787)	N	+					
Galenidae							
Parapanope euagora Man, 1895	M					T*	Y
Portunidae							
Charybdis (*Charybdis*) *feriata* (Linnaeus, 1758	N			+			
Charybdis (*Charybdis*) *japonica* (Milne-Edwards, 1864)	N	+		*			Y
	I			+			
	M					T+	
Charybdis (*Charybdis*) *variegata* (Fabricius, 1798)	N	+					Y
	M					T+	
Charybdis (*Goniohellenus*) *hongkongensis* Shen, 1934	M					T+	
Charybdis (*Goniohellenus*) *truncata* (Fabricius, 1798)	N			+			
Charybdis (*Gonioneptunus*) *bimaculata* (Miers, 1886)	M					T+	
Portunus (*Portunus*) *pelagicus* (Linnaeus, 1758)	N	+					
Portunus (*Portunus*) *pubescens* (Dana, 1852)	I			+			
Portunus (*Portunus*) *sanguinolentus* (Herbst, 1783)	N			+			
	M					T+	
Portunus (*Portunus*) *trituberculatus* (Miers, 1876)	N	+		+			
	M					T+	Y
Portunus (*Xiphonectes*) *hastatoides* Fabricius, 1798	M					T+	
Scylla serrata (Forskål, 1775)	N			+			
Xanthidae							
Zozymodes cavipes (Dana, 1852)	I			+			
Varunidae							
Hemigrapsus sinensis Rathbun, 1931	I	+					

续表

分类单元	生态类群	2008年5月	2008年8月	2008年10月	2009年3月	2009年5月	历史航次
	M	C+				T*	
Metaplax elegans de Man, 1888	I	+		+			
Metaplax longipes Stimpson, 1858	I	+		+			
Varuna litterata (Fabricius, 1798)	I			+			
Dotillidae							
Dotilla wichmanni Man, 1892	I			+			
Ilyoplax tansuiensis Sakai, 1939	I	+		+			
	M	C+					
Macrophalmus definitus Adams et White, 1848	I	+		+			
Macrophthalmidae							
Zoea larva (Brachyura)	Z	*	*	+	*		Y
Megalopa larva (Brachyura)	Z	+	+	+			
Zoea larva (Porcellana)	Z		+	+			
Brachyura larva	Z	+					
Macrophthalmus (*Mareotis*) *japonicus* (Haan, 1835)	I			+			
Macrophthalmus sp.	M					T+	
Macrophthalmus (*Macrophthalmus*) *brevis* (Herbst, 1804)	I			+			
Mictyridae							
Mictyris longicarpus Latreille, 1806	I	+		+			
Ocypodidae							
Ocypode stimpsoni Ortmann, 1897	I			+			
Uca (*Deltuca*) *arcuata* (Hann, 1853)	I	+		+			Y
Xenophthalmidae							
Anomalifrons lightana Rathbun, 19	I	+					
Neoxenophthalmus obscurus (Henderson, 1893)	M	C+		C*		T+	
	I	+					
Stomatopoda							
Squillidae							
Clorida sp.	N			+			
Harpiosquilla annandalei (Kemp, 1911)	N	+		+			
Oratosquilla sp.	N	+					
Oratosquilla sp.	N			+			
Oratosquilla oratoria (Haan, 1844)	M					T+	Y
	N	*		+			

续表

分类单元	生态类群	2008 年 5 月	2008 年 8 月	2008 年 10 月	2009 年 3 月	2009 年 5 月	历史航次
Phoronida							
Actinotrocha larva	Z		+				
Chaetognatha							
Sagittoidea							
Aphragmophora							
Sagittidae							
Sagitta larva	Z	+	+	+			
Flaccisagitta enflata (Grassi, 1881)	Z		+	+			
Sagitta sinica Xiao, 2004	Z	+					
Zonosagitta bedoti (Beraneck, 1895)	Z	+	+	+	+		Y
Echinodermata							
Crinoidea							
Comatulida							
Comasteridae							
Comanthus parvicirrus (Müller, 1841)	M					T+	
Asteroidea							
Paxillosida							
Luidiidae							
Asteroidea larva	Z			+			
Luidia quinaria Martens, 1865	M					T+	Y
Ophiuroidea							
Ophiurida							
Ophiactidae							
Ophiopluteus larva	Z		+				
Ophiactis affinis Duncan, 1879	I	+					
Echinoidea							
Camarodonta							
Temnopleuridae							
Temnopleurus reevesii (Gray, 1855)	M					T+	
Holothuroidea							
Apodida							
Synaptidae							
Protankyra bidentata (Woodward & Barett, 1858)	M	C+				T+	Y
	I	+					Y

分类单元	生态类群	2008年5月	2008年8月	2008年10月	2009年3月	2009年5月	历史航次
Dendrochirotida							
Phyllophoridae							
Stolus buccalis (Stimpson, 1855)	I	+					
Molpadiida							
Molpadiidae							
Molpadia changi Pawson & Liao, 1992	M					T+	
Chordata							
Appendicularia							
Copelata							
Oikopleuridae							
Oikopleura (*Coecaria*) *longicauda* (Vogt, 1854)	Z	+					
Oikopleura (*Vexillaria*) *dioica* Fol, 1872	Z	+	+	*	*		
Aplousobranchia							
Polyclinidae							
Aplidium constellatum (Verrill, 1871)	I	+					
Stolidobranchia							
Styelidae							
Styela plicata (Lesueur, 1823)	M					T+	
Molgula manhattensis (Kay, 1843)	M					T+	Y
Anguilliformes							
Anguilliformes							
Congridae							
Rhynchoconger ectenurus (Jordan & Richardson, 1909)	M					T+	
Elasmobranchii							
Orectolobiformes							
Hemiscylliidae							
Chiloscyllium plagiosum (Bennett, 1830)	N			+			
Carcharhiniformes							
Carcharhinidae							
Carcharhinus sealei (Pietschmann, 1913)	N	+					
Torpediniformes							
Narkidae							
Narke japonica (Temminck & Schlegel, 1850)	N	+					
Rajiformes							

分类单元	生态类群	2008年5月	2008年8月	2008年10月	2009年3月	2009年5月	历史航次
Rhinobatidae							
Platyrhina sinensis (Bloch & Schneider, 1801)	N	+					
Dasyatidae							
Dasyatis bennettii (Müller & Henle, 1841)	N			+			
Dasyatis zugei (Müller & Henle, 1841)	N	+		*			
Actinopterygii							
Anguilliformes							
Ophichthidae							
Pisodonophis cancrivorus (Richardson, 1848)	M	C+					
	I	+					
Muraenesocidae							
Muraenesox cinereus (Forsskål, 1775)	N	+		*			
Congridae							
Uroconger lepturus (Richardson, 1845)	N	+		+			
Clupeiformes							
Engraulidae							
鱼卵	Z	+		+			Y
仔稚鱼	Z	+	+	+	+		Y
Coilia grayii Richardson, 1845	M					T+	
Coilia mystus (Linnaeus, 1758)	N	+		+			
Setipinna taty (Valenciennes, 1848)	N	*		+			
Stolephorus chinensis (Günther, 1880)	M					T+	
Stolephorus commersonnii Lacepède, 1803	F	+		+			
	N	+		+			
	M					T+	
Stolephorus sp.	F	+		+			
Thryssa hamiltonii Gray, 1835	N			+			
Thryssa kammalensis (Bleeker, 1849)	N			+			
Thryssa mystax (Bloch & Schneider, 1801)	F	+					
Clupeidae							
Ilisha elongata (Bennett, 1830)	N	+		+			
Konosirus punctatus (Temminck & Schlegel, 1846)	F	+					Y
	N			+			
Sardinella jussieu (Lacepède, 1803)	N			+			

续表

分类单元	生态类群	2008年5月	2008年8月	2008年10月	2009年3月	2009年5月	历史航次
Sardinella sp.	F	+					
Sardinella zunasi (Bleeker, 1854)	F	+					
	N			+			
Siluriformes							
Ariidae							
Netuma thalassina (Rüppell, 1837)	M					T+	
Tachysurus sinensis Lacepède, 1803	N			+			
Aulopiformes							
Synodontidae							
Harpadon nehereus (Hamilton, 1822)	N	+		*			
Saurida elongata (Temminck & Schlegel, 1846)	N	+		+			
Mugiliformes							
Mugilidae							
Liza haematocheila (Temminck & Schlegel, 1845)	F	+					
Mugil cephalus Linnaeus, 1758	N	+					
Syngnathiformes							
Syngnathidae							
Hippocampus trimaculatus Leach, 1814	M					T+	
Triglidae							
Lepidotrigla kishinouyi Snyder, 1911	N	+					
Platycephalidae							
Inegocia japonica (Cuvier, 1829)	N			+			
Onigocia spinosa (Temminck & Schlegel, 1843)	M					T+	
Platycephalus indicus (Linnaeus, 1758)	N			+			
Rogadius asper (Cuvier, 1829)	N	+					
Sebastidae							
Sebastiscus marmoratus (Cuvier, 1829)	N	+		+			
Sillaginidae							
Sillago sihama (Forsskål, 1775)	F	+					Y
	N			+			
Carangidae							
Alepes djedaba (Forsskål, 1775)	N			+			
Leiognathidae							
Leiognathus sp.	F	+					

续表

分类单元	生态类群	2008 年5 月	2008 年8 月	2008 年10 月	2009 年3 月	2009 年5 月	历史航次
Secutor ruconius (Hamilton, 1822)	N	+		+			
Gerreidae							
Gerres limbatus Cuvier, 1830	N	+		+			
Nemipteridae							
Nemipterus japonicus (Bloch, 1791)	N			+			
Sparidae							
Sparidae und.	F			+			
Acanthopagrus latus (Houttuyn, 1782)	F	+		+			
Dentex macrophthalmus (Bloch, 1791)	F	+					
Rhabdosargus sarba (Forsskål, 1775)	F	+					
Polynemidae							
Polydactylus sextarius (Bloch & Schneider, 1801)	N			*			
Sciaenidae							
Chrysochir aureus (Richardson, 1846)	N	+					
Collichthys lucidus (Richardson, 1844)	M					T+	
Johnius amblycephalus (Bleeker, 1855)	N	+		+			
Johnius belangerii (Cuvier, 1830)	N	*		+			
Johnius grypotus (Richardson, 1846)	M					T+	
Larimichthys crocea (Richardson, 1846)	N	+					
Pennahia argentata (Houttuyn, 1782)	F	+					
	N	*		+			Y
Sciaenidae sp.	F			+			
Mullidae							
Upeneus japonicus (Houttuyn, 1782)	M					T+	
Kyphosidae							
Girella punctata Gray, 1835	F	+					
Terapontidae							
Terapon theraps Cuvier, 1829	N			+			
Blenniidae							
Omobranchus elegans (Steindachner, 1876)	F	+					
Gobiidae							
Gobiidae und.	F	+		+			
Chaeturichthys stigmatias Richardson, 1844	N			+			Y
Glossogobius giuris (Hamilton, 1822)	N	+					
Odontamblyopus rubicundus (Hamilton, 1825)	N	+		+			Y
Oxyurichthys ophthalmonema (Bleeker, 1856)	M					T+	
Parachaeturichthys polynema (Bleeker, 1853)	N			+			Y
Periophthalmus modestus Cantor, 1842	I	+					

续表

分类单元	生态类群	2008年5月	2008年8月	2008年10月	2009年3月	2009年5月	历史航次
Trypauchen vagina (Bloch & Schneider, 1801)	M					T+	Y
	N	+		+			
Eleotridae							
Bostrychus sinensis Lacepède, 1801	M					T+	
Sphyraenidae							
Sphyraena pinguis Günther, 1874	N			+			
Trichiuridae							
Eupleurogrammus muticus (Gray, 1831)	N	+		+			
Trichiurus lepturus Linnaeus, 1758	N	+		+			
Soleidae							
Liachirus melanospilos (Bleeker, 1854)	N	+					
Centrolophidae							
Psenopsis anomala (Temminck & Schlegel, 1844)	N	+					
Cynoglossidae							
Cynoglossus joyneri Günther, 1878	N	+		+			Y
Cynoglossus joyneri Günther, 1878	M					T+	
Cynoglossus puncticeps (Richardson, 1846)	N	+					
Cynoglossus roulei Wu, 1932	M					T+	
Cynoglossus sp.	F			+			
Perciformes							
Stromateidae							
Pampus chinensis (Euphrasen, 1788)	N			+			
Tetraodontidae							
Lagocephalus spadiceus (Richardson, 1845)	N			+			
Takifugu alboplumbeus (Richardson, 1845)	N			+			
Takifugu oblongus (Bloch, 1786)	N			+			
Takifugu xanthopterus (Temminck & Schlegel, 1850)	F	+					
Monacanthidae							
Stephanolepis cirrhifer (Temminck & Schlegel, 1850)	F	+					

总计 770 种

注：本名录使用 WoRMS（https://www.marinespecies.org/）中的分类系统；生态类群包括："P"表示浮游植物（phytoplankton），"Z"表示浮游动物（zooplankton），"M"表示大型底栖生物（macrobenthos），"I"表示潮间带大型底栖生物（intertidal macrobenthos），"N"表示游泳动物（nekton），"F"表示鱼卵和仔稚鱼（fish eggs and larva）；"+"表示该物种出现（present）；"Y"表示在泉州湾 2008 年前开展的历史调查航次中出现（yes）；"*"表示存在且为优势种（dominant species）；"C+"表示样品通过底栖采泥（box corer）采集；"T+"表示样品通过底栖拖网（bottom trawling）采集

附录4 泉州湾调查现场照片^①

附图4-1 南高渠（Y01）

a. 采样；b. 入口水；c. 全貌。图a采样人员为林祥（左）、任保卫（右），图b任保卫（左）、宋希坤（右）

附图4-2 金鸡闸（WM01）

a. 闸间采样；b. 闸间水；c. 闸下水。图a采样人员为宋希坤（左）、任保卫（右）

附图4-3 晋江入海口（WM02）

a. 采样；b. 入海口上游全貌；c. 入海口下游全貌。图a采样人员为黄浩

① 本附录彩色照片请扫封底二维码

附图 4-4 水头十一孔闸（W02）

a、b. 采样；c. 十一孔桥桥体；d. 排污入海口污水；e. 排污口邻近海域沉积物；f. 闸下。图 b 采样人员为任保卫
（左）、林祥（右）

附图 4-5 九十九溪入海口（W04）

a、b. 采样；c. 流域水；d. 上游排污口；e. 上游；f. 下游。图 a 采样人员为林祥（左）、宋希坤（右），图 b 从左
到右依次为黄浩、黄斌忠、林祥及随行司机

附图 4-6　彩虹沟（W06）

a. 采样；b. 上游水；c. 下游水

附图 4-7　乌屿西闸（W07）

a、b. 采样；c. 周边排污口；d、e. 闸上水；f. 闸下。图 b 下蹲采样人员分别为宋希坤（左）、任保卫（右），
图 f 中为林祥

附图 4-8　水头十一孔闸附近水头闸（W02-B）

a. 闸上；b. 滞留水；c. 闸下水

附图 4-9　黄塘溪闸（W09）

a. 采样；b、c. 闸貌。图 a 采样人员为黄浩（左）、宋希坤（右）

附图 4-10　六原水闸（W05）

a. 采样；b. 闸上全貌；c. 闸上；d. 闸貌；e、f. 闸下水。图 a 采样人员从左至右依次为黄斌忠、宋希坤、林祥、任保卫

附图 4-11　洛阳江闸（W08）

a. 闸上；b. 闸间水；c. 闸下

附图4-12　洛阳江（W08）

附图4-13　秀涂断面（M2）

a. 断面采样；b. 泥滩运泥工具；c~f. 全貌。图a左侧两位协助采样的人员为当地渔民，右侧采样人员为王波

附图4-14　潮间带采样

a、b. 五孔闸（W03）附近潮间带；c. 潮间带有机污染物沉积物采样（M3）；d. 下洋潮间带岩石断面（R1）；
e、f. 潮间带滩涂养殖

附图 4-15　周边污染源

a. 泉州湾南岸陈埭泥滩断面（M3）附近；b～f. 五孔闸上游（W10）附近

附图 4-16　生态浮标（QZ09）

a. 浮标选点；b～d. 浮标布放；e～g. 浮标维护；f、g 示浮标探头表面附满水螅。图 a 中间三位从左至右分别为
张友权、陈彬、陈宇东

附图 4-17　浅海采样

图 a 右二为任保卫，其他 3 位为渔船工作人员；b 示海面；c 示海上围网

附图 4-18　游泳动物采样

a、b. 拖网；c. 部分游泳动物样品

附图 4-19　国家海洋公益性行业科研专项"基于海岸带综合管理的海洋生物多样性保护研究与示范"项目会议

a、b. 项目启动会；c、d. 项目中期会议；e. 项目验收；f. 行业标准《海洋环境中邻苯二甲酸酯类的测定 气相色谱-质谱法》（HY/T 179—2015）专家评审会现场。图 a 为宋希坤（左）、陈彬（右），图 b 前排从左至右依次为温泉、周秋麟、丁德文、陈彬、江锦祥，图 c 前排从左至右依次为石洪华、周秋麟、于涛、温泉、丁德文、陈彬、江锦祥、王金坑、黄东仁，图 f 会议桌右侧第一位为黄东仁

附录 5　本书英文简介

The Environmental Quality and Marine Biodiversity of Quanzhou Bay

Editor-in-Chief: Song Xikun

Editorial Board (author list): Song Xikun*, Zhang Youquan, Huang Dongren, Yang Lin, Cui Qi, Ding Guangmao, Li Rongmao, Wang Bo, Zhuang Wan'e, Yao Wensong, Wang Xiaxia, Hong Xiaoyan, Lin Fang, Jiang Hua, Ren Baowei, Chen Huorong, Chen Peijun, Lin Xiang, Gong Zhenbin

　　*Corresponding author: xksong@xmu.edu.cn, xksong@idsse.ac.cn

Abstract: Quanzhou Bay is located on the southeastern coast of Fujian Province, China, characterized by estuaries, intertidal flats, reclaimed areas, mangroves, seagrass beds, and islands, creating diverse habitats and ecosystems. The bay possesses a high marine biodiversity. This study conducted extensive quarterly surveys in Quanzhou Bay during 2008-2009. A total of 770 marine species were identified in Quanzhou Bay, making it one of the earliest comprehensive studies on marine environmental analysis of characteristic organic pollutants like phthalate esters (PAEs) in China. The study traced these pollutants back to shoemaking and leather industries in Jinjiang and Shishi, neighboring regions of Quanzhou Bay. It played a pivotal role in developing the national industry standards for the analysis and determination of phthalate esters. These standards have been subsequently applied in various maritime regions such as the Yangtze River estuary and the Pearl River estuary. This book encompasses all online electronic original data from the study, including over 20,000 sets of fixed-point filed survey data and more than 200,000 sets of continuous observation data of two buoy systems. The book aims to furnish foundational information and decision-making support for the conservation and management of marine biodiversity in Quanzhou Bay. It is intended for researchers and practitioners involved in marine biology, marine biodiversity, and integrated coastal zone management. This is the authors' scientific research report QT11.

编 后 记

"博士后文库"是汇集自然科学领域博士后研究人员优秀学术成果的系列丛书。"博士后文库"致力于打造专属于博士后学术创新的旗舰品牌,营造博士后百花齐放的学术氛围,提升博士后优秀成果的学术影响力和社会影响力。

"博士后文库"出版资助工作开展以来,得到了全国博士后管委会办公室、中国博士后科学基金会、中国科学院、科学出版社等有关单位领导的大力支持,众多热心博士后事业的专家学者给予积极的建议,工作人员做了大量艰苦细致的工作。在此,我们一并表示感谢!

"博士后文库"编委会